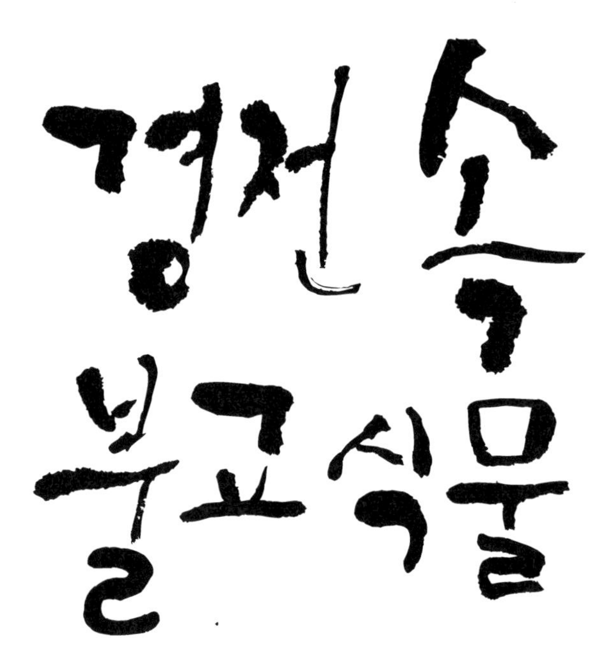

-자비의 향기를 전하다-

| 민태영 · 박석근 · 이윤선 지음 |

머리말

많은 불교 경전 속에서 식물은 사람들에게 진정한 불교의 의미를 깨닫게 하는 유용한 도구로 활용됩니다. 예를 들면, 불교의 대표적인 꽃이라 할 수 있는 연꽃의 경우, '묘법연화경(법화경)'이라는 핵심적인 불교 경전의 이름 속에서 살아 숨 쉬며 불교의 근본 가르침을 전하고 있습니다.

또한 부처님의 일대기에도 식물은 여러 가지 나무의 모습으로 우리에게 다가옵니다. 부처님 탄생기에는 룸비니 동산의 무우수(無憂樹)가 보이고 있으며, 깨달음을 얻은 곳은 보리수 아래였고, 열반에 드신 곳은 사라수 아래였습니다.

흔히 연꽃을 일러 불가에서는 처염상정(處染常淨)의 꽃이요, 화과동시(花果同時)의 꽃이라 합니다. 처염상정의 꽃이라는 것은, 더러운 곳에 처해 있어도 오염에 물들지 않고 본성을 유지하여 마침내 세상을 정화하는 맑고 향기로운 꽃이라는 의미이며, 화과동시라는 말은 일반 꽃들과 달리 연꽃이 꽃과 열매가 동시에 핀다는 사실을 들어, 깨달은 이후 이웃을 구제하는 것이 아니라 이기심을 없애고 자비심을 키우며 이웃을 위해 사는 삶 자체가 깨달음이라는 의미로 그 상징성을 부여한 것입니다.

이처럼 경전 속에는, 단순히 상황의 묘사를 더욱 풍성하게 하거나 혹은 진리나 논지를 명확히 이해시키기 위해 식물의 특성에 빗대 비유적으로 사용하는 등의 다양한 방식을 통해 식물을 등장시키고 있습니다.

따라서 이러한 식물의 면면을 들여다보는 일은 단순한 식물 공부를 떠나 불교의 이론과 체계를 보다 쉽게 이해하는 데 매우 중요한 요소일 수 있으며, 일반인들에게는 멀게만 느껴졌을 경전 속 식물이 결코 먼 곳에 있는 꽃과 나무의 이야기가 아니라 우리 삶 속의 진리를 전하는 전달자로서 친근하게 다가올 수 있을 것으로 여겨 이 책을 발간하기로 결심하게 되었습니다.

이 책"경전 속 불교식물(The Plants in thc Buddhism Scripture)"에 수록된 식물의 순서는 식물분류학적 체계에 의해 정리하였고, 사진이 아닌 섬세한 일러스트로 꽃과 나무의 모습을 실물과 똑같이 그려내 식물의 색과 모양을 보다 자세히 볼 수 있도록 하였으며, 식물의 일반적인 특성과 경전과 관련된 부분을 분리하여 한눈에 쉽게 내용을 이해할 수 있도록 구성하였습니다.

올해는 팔만대장경이 조성된 지 정확히 일천 년이 되는 해입니다. 이처럼 의미 있는 해에 불교 경전 속의 식물들에 대한 책자를 발간하게 되어 영광스럽기도 하지만, 이 책을 통해 많은 이들이 불교 및 식물에 보다 더 많은 애정을 보내주시기를 바라는 마음 또한 큽니다. 아울러, 본 책자를 통해 경전 속 식물들이 우리에게 전하려 하는 의미가 개인의 종교나 사상에 관계없이 편하게 전달될 수 있기를 바랍니다.

2011년 3월

추천사 Ⅰ

국제불교 조계종 총무원장 월하 성철 합장

일상 속에서 쉽게 접하면서도, 그 뜻을 이해하지 못하고 지나쳐 버리기 쉬운 인연을 붙잡아, 밝은 세상을 여는 데 큰 몫을 하려는 한 보살의 서원(誓願)이 의미 있는 발자취가 될 것입니다.

진법계(盡法界), 허공계(虛空界) 시방에 처처로 현신(現身)하고 응신(應身)하시는 부처님 진상을 단순한 식물 이전에 개유불성(皆有佛性)으로 보고 그 진의를 시방에 알리기 위해 불철주야 노력을 거듭하여 마침내 불교 경전 속의 식물을 한 권의 책으로서 세상에 펼쳐 보이고자 하는 민태영 한국불교 식물연구원 원장(법명:일광화)을 비롯하여 그와 인연 지어진 모든 분께 감사를 드립니다.

본디, 경전의 심오한 이치는 시공을 초월하여 처처(處處)에 아니 미치는 곳이 없는 터에, 자칫 그냥 지나쳐버릴 수도 있고, 전문성을 갖추지 않으면 해낼 수 없는 경전 속 식물에 대한 연구를 진각(眞覺)의 눈으로 그 의미를 부여해 펼쳐냄으로써 모든 이들의 정신과 가슴을 연다는 것은 작금의 법향(法香)이요, 향연(香緣)일 것입니다.

모름지기 화현(化現)한 이치를 그냥 지나치지 않고 순간순간 응신하여 각 정상의 이치를 혜관(慧觀)하여 출가 사문도 해내기 어려운 불연을 지어주신 민태영(일광화) 원장께 부처님 사문을 대신하여 마음 모아 합장합니다.

지어지는 인연마다 길상(吉祥) 도래하여 모든 뜻 여의하옵소서.

佛紀 2555年 春節에

추천사 Ⅱ

국립수목원 전문연구원
한국식물연구회 명예회장 전의식

신심이 깊으시고, 불교경전 속의 식물에 정통하신 한국불교 식물연구원 민태영 원장님이 진각의 눈으로 의미를 부여하고, 원예학자 박석근 교수님이 학문적 고증으로 뒷받침하였으며, 이윤선 선생에 의한 미려한 세밀화를 함께 실어, 명실상부한 훌륭한 [경전 속 불교식물]을 펴내게 된 것을, 식물을 사랑하는 한 사람으로서 진심으로 축하해 마지않습니다. 불교 및 불교식물에 대하여 거의 아는 것이 없는 사람이, 비록 간곡한 부탁을 받았을지라도 덥석 이런 글을 쓸 처지가 아님을 잘 알면서도 그저 반가운 마음에서 몇 자 적어 볼까 합니다.

지금까지 '성서의 식물'에 대해서는 저명한 학자와 신자에 의해 여러 권의 책이 출판된 바 있으나, 불교식물에 대하여서는 과문한 탓인지 별로 보지 못하던 차에 이런 훌륭한 저작을 대하게 되니, 그 기쁨을 무엇으로 표현해야 할지 모르겠습니다.

불교의 식물은 아주 먼먼 옛날, 불경의 전래와 함께 들여와졌다고 생각되며, 우리 주위에서 흔히 볼 수 있게 되어 우리의 식물처럼 느껴지는 것이 제법 많습니다. "진흙 속에서도 아름다운 꽃을 피우는 연꽃"을 비롯하여 우리의 일상생활에 없어서는 안 될 의식주의 자료가 되는 벼와 보리, 파, 마늘, 아주까리, 파초 등에 이르기까지 그 수가 대단히 많으며, 불교식물 중 상당수는 우리나라에서는 자랄 수 없는 열대성 식물로 식물원의 온실이 아니면 쉽게 접할 수 없는 식물들도 많이 있습니다.

우리 식물도감에는 '보리수'라는 식물이 실려 있지만, 부처님이 수도하시던 인도의 그 '보리수'(菩提樹)는 물론 아닙니다. 그리고 사찰에서 '보리수'라고 하며 흔히 심고 있는 '보리자나무'도 낙엽활엽수인 피나무의 한 종류로 인도에서 자라는 '보리수'와는 거리가 멉니다. 이런 것들을 명쾌히 설파하고, 바른 식물명과 그림으로 도시한 이 저작은 신심이 두터우신 불자뿐만 아니라 우리 식물에 관심이 깊은 이에게도 큰 도움이 되리라 확신합니다.

아무쪼록 이 훌륭한 저서가 불교를 이해하며, 우리식물을 바르게 아는 데 큰 몫을 할 것임을 의심치 않으며, 감히 추천의 말씀으로 대하고자 합니다. 감사합니다.

2011년 3월

차 례

뱅골보리수/반얀나무/니구율수尼拘律樹

학명: *Ficus bengalensis / Ficus indica*
과명: 뽕나무과(Moraceae)
영명: Banyan Tree, Bengal Fig, Indian Fig, East Indian Fig, Indian Banyan
이명: 반얀나무, 뱅골 보리수, 니야그로다(Nyagrodha)(산스크리트), 니그로다(Nigrodha)(발리), 니구다, 니구율타, 니구율

상록교목으로 인도가 원산지이며 가로수 또는 녹음수로 주로 심는데 높이가 30m까지 자라고, 둘레가 16m에 달해 큰 나무는 가지와 잎이 퍼진 부분의 둘레가 400m나 되는 것도 있다.

나무껍질은 잿빛을 띤 흰색이고 어린 가지에 털이 있다. 잎은 어긋나고 달걀 모양 또는 달걀 모양의 원형으로 길이가 10~25cm이다. 잎자루가 있고, 잎 가장자리는 밋밋하다. 열매는 무화과처럼 생겨 2개씩 달리며 식용이 가능하며 잎은 코끼리의 사료 또는 접시 대용으로 쓰기도 한다.

가지에서 공기뿌리가 많이 나와 넓게 퍼지는데, 가지가 사방으로 뻗어나가고 줄기에서 수많은 기근이 자라나 땅속에 박히면 다시 뿌리가 된다. 그 때문에 줄기는 계속 굵어지고 오래된 나무는 울퉁불퉁하며 불규칙적이다. 나무는 수많은 기근이 땅에 닿아 뿌리를 내리기 때문에 줄기 둘레가 10~20m나 되는 것도 있다.

가지나 잎에 상처를 내면 흰 액이 나오는데, 줄기에서 흘러내린 어린 기근은 어린이들의 그네가 되기도 하고, 원숭이들이 이 줄을 잡고 다른 나무로 이동하기도 한다. 새가 열매를 먹고 변과 함께 사원의 탑에 버려지면 틈새에서 싹이 돋아나 자라며 나중에는 큰 나무로 자라고, 그 기근이 탑 전체를 옭아매기도 한

다. 굵은 나무 옆에 돋아난 어린 묘목도 점차 자라면서 큰 나무를 기근으로 감는다. 해를 상당히 좋아하는 식물로 인도에서는 신성한 나무라고 믿기 때문에 나무가 자라는 대로 그냥 내버려 둔다.

경전 속의 니구율수

인도인들은 반얀나무에는 신령이 있어 진실한 인간은 도와준다고 믿고 있으며, 크기를 가지고 그 나무의 가치를 판단하지 않는다. 즉 큰 나무가 그 자리에 서 있을 수 있는 것은 나무를 구성하고 있는 수많은 작은 줄기들이, 크기는 미미하지만 나무가 넓은 영역을 치지하며 서 있을 수 있는데 꼭 필요한 존재들이라는 의미를 알고 있기 때문일 것이다. 불교 경전 속에서는 반얀나무가 나무의 엄청난 크기에 비해 아주 작은 씨를 맺는다는 점을 들어 아주 작은 보시라도 부처님께 공양을 올리면 큰 과보를 받는다는 점에서 상징적으로 인용되고 있다.

또한 과거칠불(석가(釋加) 이전에 이 세상에 출현하였다고 하는 일곱 명의 부처로, 과거 장엄겁(莊嚴劫)에 나타난 비바시불(毘婆尸佛) · 시기불(尸棄佛) · 비사부불(毘舍浮佛)의 3불과, 현재 현겁(賢劫)에 나타난 구류손불(拘留孫佛) · 구나함모니불(拘那含牟尼佛) · 가섭불(迦葉佛) · 석가모니불(釋迦牟尼佛) 등의 4불을 합하여 일컫는다.) 중 여섯 번째 부처인 가섭불의 보리수가 반얀나무 즉 니구율수인 점을 봐도 이 나무가 매우 신령스러운 나무임을 알 수 있다.

1) 대보적경(大寶積經) – 39. 현호장자회(賢護長者會)

맑은 물속이라야 다시 얼굴의 형상을 볼 수 있는 것처럼 이 신식도 이 몸의 형상을 버리고 나면 저곳으로 가서 다른 모든 음(陰)을 받는 것이니라. 비유하면 마치 니구다나무(尼拘陀樹)의 씨나 우담바라 등의 모든 나무의 씨가 비록 가늘고 작더라도 극히 큰 나무와 가지를 낼 수 있고, 큰 나무와 가지를 낸 뒤에는 그 형상을 버리고 다시 다른 곳에 태어나게 되느니라.

2) 장아함경(長阿含經)

"인간의 수명이 2만 세일 때 부처님이 나시니 종족은 바라문이요, 성은 가섭이요, 아버지는 범덕이요, 어머니는 재주이다. 바라나성(城)에 계실 때에 니구율(尼拘律) 나무 밑에 앉아 한 차례 설법하시어 2만 사람을 제도하셨다. 제자가 두 사람이니, 하나는 제사요, 또 하나는 바라바요, 시자는 선우요, 아들은 집군이다."라고 하셨다.

3) 대방광불화엄경 제64권 – 39. 입법계품(入法界品)

큰 전단 나무는 간 데마다 열을 지어 섰고, 침수향 나무는 좋은 향기를 풍기며, 유쾌한 향나무는 묘한 향으로 장엄하고, 파타라(波羅) 나무가 사면에 둘러섰으며, 니구율(尼拘律) 나무는 밑둥이 높이 솟았고, 염부단 나무에서는 단 과실이 항상 떨어지고, 우발라꽃 · 파두마꽃으로 연못을 장엄하였다.

4) 불설보대다라니경(佛說寶帶陀羅尼經)

이와 같이 나는 들었다. 어느 때 부처님께서는 대중과 함께 석가 종족이 사는 가비라성(迦毘羅城) 니구율타(尼拘律陀)나무 동산에 계셨다. 이때 라후라(羅睺羅) 동자가 다른 곳에 머물고 있었는데, 한밤중에 문득 매우 나쁜 나찰에게 두려움을 느꼈다. 라후라는 바로 그 밤에 모든 동자 대중에게 앞뒤로 둘러싸여서 가비라성을 나와 부처님께서 계신 데로 나아갔다. 도착하고 나서 머리로 부처님의 양 발에 예배드리고 곧 부처님 앞에 눈물을 흘리며 서 있었다.

영서화/우담발화優曇鉢華

학명: *Ficus glomerata / Ficus racemosa*
과명: 뽕나무과(Moraceae)
영명: Cluster Fig, Gooolar Fig
이명: Udumbara(산스크리트), Gular(힌디), 우담화, 우담바라, 기공화

인도 원산으로서 교목으로 분류학적으로는 무화과나무속에 속하며 인도에서는 보리수와 더불어 신성한 나무로 취급하고 있으며, 산기슭이나 고원지대에서 자라는 우담화는 전설에 의하면 3,000년에 1번 피는데, 이 꽃이 피면 여래(如來)나 전륜성왕(轉輪聖王)이 나타난다고 한다. 그리하여 불교에서는 이 꽃을 매우 드물고 희귀한 것을 비유할 때 곧잘 인용하기도 한다.

잎은 얇고 달걀 모양이며 꽃은 매우 작고 자루 모양으로 발달한 꽃받침의 안쪽에 피어 있기 때문에 바깥에서는 잘 보이지 않는다. 그래서 무화과와 마찬가지로 꽃은 피지 않고 열매만 열리는 것처럼 보이는 것이다. 열매는 지름이 약 3cm로 굵은 중심 줄기나 가지에서 송이송이 달리는데 익으면 황색으로 변하며 달고 맛있다.

인도와 스리랑카에서 주로 자라며, 나무 높이는 보통 12m 전후이며 20m를 넘는 것도 적지 않다. 열매를 식용으로 이용하기 때문에 과수로 취급하기도 하며, 목재는 건축재로 쓰고 잎은 코끼리의 사료로도 이용한다.

경전 속의 우담바라

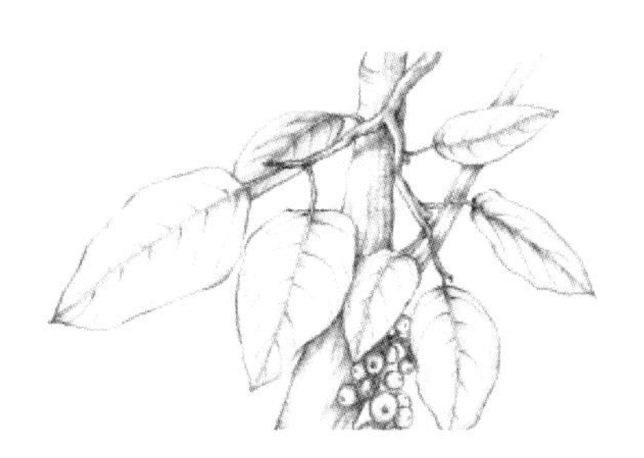

우담바라를 단지 풀잠자리의 알일 뿐이라고 하고 많은 불자들조차 이를 사실로 받아들이는 사람들이 많으나 우담바라는 엄연히 뽕나무과의 상록교목인 '우담화'이다.

산스크리트어 학자들은 '우담바라는 열매가 열리는 것을 보면 분명 꽃은 있지만 너무 작아서 우리가 보지 못하는 것뿐이다.'라고 하였고, 인도 사람들은 '우담바라는 한 해에 2~3일 정도 밤에 피는 꽃으로, 이 꽃은 밤에만 피기 때문에 꽃을 보기가 아주 어려워 천복을 타고난 사람이 아니면 볼 수가 없다'고 하였다.

고대 인도에서부터 다섯 가지의 성스러운 나무 중 하나로 간주되어 온 우담바라는 모든 동물의 사육제에 쓰이는 도구를 만드는 데도 사용되었고 고대의 숲속생활 시대에는 숲 속에서 공부하는 학생들이 숲 속에 떨어진 달콤한 우담바라 열매를 주워 먹었다는 기록도 있다.

우담바라는 『법화의소』와 『혜림음의』, 『불본집행경』, 『연화면경』, 『무량수경』 등 여러 경전에서 자주 등장하는데, 『법화의소』에는 우담바라가 전륜성왕이 나타날 때 꽃이 피고 과거칠불 중 구나함모니불이 이 나무 아래에서 성불했다고 전하고 있고, 『불본집행경』에서는 구원의 메시지로 등장하며, 『혜림음의』에서는 여래가 나타날 때 꽃이 피고, 전륜성왕이 세상을 다스리면 감복하여 꽃이 핀다고 기록하고 있다. 또, 『무량수경』에서는 은화식물인 이 꽃이 사람들에게 보이면 상서로운 일이 생길 징조라고도 하였다.

또한 [연화면경]에는 석가가 아난다에게 '여래 삼십 이상을 보는 것은 우담발화가 3천 년 만에 나타나는 것을 보는 것보다 훨씬 어렵다'고 하는 등 여러 경전 속에서 매우 드물고 귀한 것을 묘사할 때 이 꽃에 비유하고는 한다.

불교의 밀교 경전에서는 이 나무가 주술성을 가진 나무로 여겨 이 나무를 태워 기우제를 올리기도 하였다고 하며, 이 나무의 꽃이 매우 희귀하고 보기가 쉽지 않다는 점과 부처님의 설법을 듣는 것이 어지간한 인연이 아니면 듣기 어렵다는 사실의 비유로서 설명하기도 한다. 또한 희귀해서 보기 어려운 만큼 길상의 꽃으로 여기기도 한다.

1) 대보적경(大寶積經) 제109권 – 39. 현호장자회(賢護長者會)

…우담바라 등의 모든 나무의 씨가 비록 가늘고 작더라도 극히 큰 나무와 가지를 낼 수 있고, 큰 나무와 가지를 낸 뒤에는 그 형상을 버리고 다시 다른 곳에 태어나게 되느니라.(니구율수와 함께 등장)

2) 대방광불화엄경 – 8. 입법계품. 보현보살

보현보살 마하살이 게송을 말하였다. "…그대들 번뇌의 때 씻어버리고 일사분란하게 자세히 들으라. 여래는 보고 듣기 어려운데 무량억겁에 이제야 만나니 우담발화가 어쩌다 피듯 그러니 부처님 공덕을 들어야 한다." 그때 보살들은 이 게송을 듣고 일심으로 갈망하여 여래 세존의 진실한 공덕을 듣기 위해….

3) 중아함경 제8권 – 4. 미증유법품(未曾有法品) 제4. ①–33 시자경

존자 대목건련이 또 말하였다.

"현자 아난이여, 내가 비유를 들어 말할 테니 잘 들어보십시오. 지혜로운 사람은 비유를 들으면 곧 그 뜻을 이해합니다. 현자 아난이여, 비유하면 우담발화(優曇鉢華)는 어쩌다 한 번씩 세상에 피어나는 것과 같이 현자 아난이여, 여래 무소착 등정각께서도 또한 그와 같아서 어쩌다 한 번 세상에 나오십니다. …"

4) 법화경

제2 방편품 – 3장 묘법을 바로 설하시다

…들을 줄을 아는 사람 이는 더욱 어렵도다. 우담발화 꽃이 피면 일체 모두 즐겁지만 하늘 인간 기다리라. 때가 되어야 한 번 핀다.

제27 묘장엄왕본사품 – 1장 화덕보살의 본래 행을 펴시다.

오랜 겁에 한 번 피는 우담발화 꽃보다도 부처님의 세상 출현 그 보다 더 어려우며 여러 가지 많은 환란 벗어나기 어렵나니…

보트리/인도보리수印度菩提樹

학명: *Ficus religiosa*
과명: 뽕나무과(Moraceae)
영명: Bo Tree, Bo-Tree, Bodhi Tree, Botree, Buddha Tree, Sacred Ficus, Sacred Fig, Sacred Fig Tree
이명: Piippala, Pippala Vruksham, Shuchidruma, Vrikshraj, Yajnika, Ashvatha, Ashvathha, Asvattha, Aswattha(산스크리트), 각수(覺樹), 도량수(道量樹), 도수(道樹), Pu Ti Shu, Si Wei Shu(중국), Peepal Tree, Peepul, Peepul Tree(네팔), Pipal, Pipal Tree, Pippala(인디), Po Tree(타이), Pipali, Pipli, Pipul(힌디), Indo Bodaiju(일본)

인도 등 아시아 열대 지방에서 자라는 무화과나무 속의 반 낙엽 교목으로 줄기는 회백색이고 20~30m로 자라며 밑에서부터 가지가 갈라져 큰 줄기로 자라고 어린 잎은 표면에 광택이 있고 고무나무처럼 잎을 자르면 흰 즙액이 나오며 건기에는 잎이 많이 떨어진다.

잎은 타원형을 띤 마름모꼴이고 끝이 길게 자라 꼬리처럼 되며 중앙의 엽맥은 흰색이 뚜렷하다. 새로 자란 줄기 아래쪽에서 은두화(隱頭花)가 피고 열매는 도토리 정도 크기인데 무화과처럼 꽃받침이 비대해 진 것으로 꽃은 열매를 쪼개면 안에 들어 있다. 이 열매는 무화과 열매와 비슷하지만 훨씬 작고 천선과나무 열매보다는 조금 크며 익으면 붉은색으로, 식용이 가능하다.

수피, 잎, 열매, 씨, 뿌리, 고무 수액 등 여러 부분이 약재로 사용되는데, 수피는 설사와 이질, 당뇨, 비뇨기 질환에, 잎은 버터와 섞어 종기 치료에, 열매는 천식에 이용하고, 고무 수액은 사마귀를 제거하는 데에 이용하며 뿌리껍질에서 얻어진 오일은 여드름과 같은 피부질환이나 류마티즘에 사용한다.

전통 의학에서도 수피를 꿀과 섞어 끓인 즙을 임질치료에 사용해왔으며, 말린 수피를 넣어 끓인 우유는 최음제로 알려져 있다.

잎에는 다량의 탄수화합물, 아미노산, 미네랄이 함유되어 있다. 또한 열매에서는 아스파라긴 및 티로신과 같은 아미노산을 추출할 수 있다.

보리수라 불리는 나무들

1) 니구율수(*Ficus bengalensis*)

뽕나무과의 무화과나무 속 상록교목으로 가지는 사방으로 뻗어나가고 줄기에서 수많은 기근이 자라나 땅 속에 박히면 다시 뿌리가 된다. 그 때문에 줄기는 계속 굵어지고 오래된 나무는 울퉁불퉁하며 불규칙적인데 인도 캘커타 식물원에는 그 지름이 130m나 되는 것도 있다.

줄기에서 흘러내린 어린 기근은 어린이들이 그네로 활용하거나, 원숭이들이 이 줄을 잡고 다른 나무로 이동하기도 한다.

2) 보리자나무(*Tilia miqueliana*)

중국 원산의 피나무과의 낙엽 활엽수이다. 높이 20~30m로 자라며 줄기는 회백색이다. 어긋 달리는 잎은 넓은 심장꼴이고 가장자리에 톱니가 있다. 잎의 아래쪽이 약간 찌그러져 비대칭을 하고 있다. 잎은 길이 5~10cm, 넓이가 5~8cm로 넓은 편이고 어린줄기의 잎이 훨씬 크고 표면에 털이 많고 만지면 거친 느낌이다.

중국이나 유럽에서는 공원용수, 정원수로 많이 심고 가로수로도 심는데 가을에 노랗게 물이 들어 장관을 이룬다. 중국의 경우 중요한 조림 수종이기도 하며 목재는 흰색이고 결이 물러서 갖가지 공예품을 만든다.

피나무류는 목질이 가벼워서 예로부터 가구재로 활용하였고 껍질은 밧줄을 만들거나 종이를 뜨기도 했다.

국내 여러 절에 있다는 보리수나무는 사실 이 보리자나무(피나무)인 경우가 많으며 진짜 보리수나무는 설명한 바와 같이 생육조건이 맞지 않아 우리나라의 자연생태에서는 서식할 수 없다. 또한 이 나무의 열매를 실에 꿰어 염주를 만들기도 하지만 그리 단단하지 못하다.

3) 염주나무(*Tilia megaphylla*)

강원 이북 심산에서 자라는 피나무과의 낙엽교목으로 줄기는 회백색이고 5~6m까지 자라며 전체적으로 원추형을 이룬다. 보리자나무와 비슷하나 조금 작고 대신 잎은 넓은 편이다.

어긋 달리는 잎은 길이 10~13cm이고 심장꼴이며 가장자리에 톱니가 있다. 보리자나무처럼 단풍이 고와 가로수, 정원수로 널리 쓰이는데 사찰에서 염주나무라 하여 심고 있으나 보리자 나무와 비슷할 뿐 불교와는 무관한 식물이다. 보리자나무처럼 열매를 실에 꿰어 염주를 만들기도 하지만 견고하지 못하다.

4) 유럽피나무(*Tilia europaea*)

피나무과의 낙엽교목이며 유럽 원산의 피나무로서 넓은 잎과 고운 단풍으로 정원수, 공원용수로 활용된다. 높이가 30m까지 자라며 유럽의 중요 조림 수종으로 꼽힌다.

목재가 곱고 다루기 쉬워서 여러 가지 가구나 건축의 내장재로 쓰이며, 널리 알려진 슈베르트의 가곡 '보리수(린덴바움)'에 나오는 보리수나무가 바로 유럽피나무이다. 한글로는 똑같이 보리수나무이지만 우리나라에 자생하는 5)항의 보리수와는 전혀 다른 나무이다.

5) 보리수나무(*Elaeagnus umbellata*)

보리수나무과에 속하는 낙엽관목으로 우리나라 자생종이며 전국의 산과 계곡에서 흔히 볼 수 있다. 밑에서부터 많은 가지가 갈라져 높이 3~4m로 자란다. 어긋 달리는 잎은 긴 타원형이고 뒷면이 은백색을 띤다.

줄기에 가시처럼 짧은 가지가 달리고 끝이 날카롭다. 네 장으로 갈라진 꽃받침이 아래쪽을 향해 매달린다. 열매는 붉은 색인데 흰점이 무수히 많으며 신맛이 있는 단맛이다. 이 열매를 시골에서는 보리똥 · 보리밥 · 파리똥이라고도 하며 술을 담가 마시면 향기가 좋다.

유사종으로서 우리나라의 상록 자생 수종인 남쪽 바닷가에서 자라는 녹보리똥나무(*E. maritima*) · 보리장나무(*E. glabra*) · 보리밥나무(*E. macrophylla*) · 큰보리장나무(*E. submacrophylla*) · 왕볼레나무(*E. nikaii*) 등이 있다.

경전 속의 인도 보리수

부처님이 이 나무 아래서 깨달음을 얻었다 하여 인도보리수를 각수(覺樹) 또는 도량수(道量樹)라 하는데 그 씨가 깨알보다 작다. 인도보리수의 작은 씨가 거대한 나무로 자라는 것을 두고 불교경전에서는 부처님께 올리는 작은 보시(布施)가 큰 은덕으로 되돌아온다는 의미로 자주 인용된다.

부처님이 깨달음을 얻고자 정글과 사막, 설산에서 고행을 거듭하였으나 깨달음을 얻지 못했다. 길이 아님을 깨달은 부처님이 고행을 접고, 깨달음을 얻기 전에는 일어서지 않겠다는 확고한 의지를 품고 우루베라 마을을 흐르는 네란자라 강가의 큰 보리수 아래에서 명상에 들어가신다. 명상의 마지막 날 초저녁에 중생들의 과거를 보게 되고, 한밤중에는 악행자는 지옥에서, 선을 행한 자는 하늘에서 태어나는 죽음과 탄생의 이치를 보게 되었고, 새벽이 되어 고통과 죽음의 원인을 보았으며 마지막으로 동틀 무렵 비로소 부처님은 보리수 아래에서 깨달음을 얻게 되셨다. 부처님이 도를 깨우치신 것을 기념해 우루베라 마을 즉 현재 붓다가야에는 큰 탑이 건립되어 있기도 하다.

부처님이 명상에 잠겼던 그 보리수는 열대성 기후대에 속하는 고온 다습한 지역에 서식하는 나무이다. 인도의 사원에는 보리수나 인도보리수 밑에서 명상을 하는 수행자들이 많고 이들은 명상을 통해 시공을 초월한 선(禪)의 세계를 넘나드는데, 이러한 명상 문화는 불교에서는 선(禪)으로, 힌두교에서는 요가(Yoga)로 발전하였다. 즉, 이와 같은 명상 문화가 부처님을 출현시켰다고 할 수 있는 것이다.

부처님이 깨달음을 얻으신 성지(聖地) 부타가야의 보리수는 전 세계에 단 세 그루뿐이다. 이교도들이 이 지역을 점령할 때마다 이 보리수가 잘려나갔고 급기야는 힌두교도들의 손에 고사하고 만았으나, 이보다 앞선 기원 전 3세기 경 불교를 융성시킨 아쇼카왕(阿育王)이 자신의 공주를 스리랑카로 시집보낼 때 부처님의 보리수도 함께 보냈고, 그때 스리랑카로 간 보리수가 잘 자라 큰 나무가 되었다. 이후 왕권을 다시 회복한 인도에서 18세기에 이 보리수를 스리랑카로부터 다시 들여와 복원하여 지금에 이르게 된 것이다.

나머지 한 그루는 19세기 말경 불교를 통해 나라를 구하고자 했던 하와이 카나카 왕국의 왕녀 포스터 부인이, 스리랑카로 사람을 보내 얻어온 보리수 가지로 하와이 호놀룰루의 포스터식물원에 있다.

1) 제2 방편품 법화경 – 제3장 묘법을 설하시다

이런 중생 위하여서 자비심을 내었노라. 내가 처음 붓다가야 보리나무 아래 앉아 깨달음을 성취한 후 그 도량에 경행하여…

제15 종지용출품 – 2장 바르게 나타내다

아름다운 칠보탑에 계신 다보여래와 석가모니 부처님 앞으로 나아가 두 분 세존을 향하여 머리를 숙여 발을 받들어 예배하고, 또 보리수나무 아래 사자좌에 앉아계시는 여러 부처님께도 이와 같이 예배하고 오른쪽으로 세 번 돌고는… 가지가지 묘법 설해 두려운 맘 하나 없네. 또한 내가 가야성의 보리나무 아래 앉아 최정각을 성취하고 위가 없이 높고 바른 무상법륜 굴리어서 이 모두를 교화하고…

제15 종지용출품 – 제3장 집착하여 의심을 내다

5. 부처님은 오랜 옛날 석씨 문중 출가하여 가야성의 가까운 곳 보리나무 아래 앉아 오래 있지 않았건만 교화하신 여러 불자 한량없고 가이 없어 그 수효를 알 수 없고 불도 오래 행한 그들 신통력에 머무르며, 보살도를 잘 배워서 세간법에 물 안 들어 물속에 핀 연꽃처럼 땅 속에서 솟아나와…

제17 분별공덕품 – 제1장 법을 듣고 이익을 얻다.

3. 부처님께서 이 많은 보살 마하살이 큰 법의 이익을 얻었다고 말씀하실 때, 허공에서 아름다운 만다라꽃과 마하만다라꽃이 비 오듯이 내리어 한량없는 백천만억의 보리수 아래 사자좌에 앉아 계시는 여러 부처님 위에 뿌렸으며…

백단나무/전단栴檀

학명: *Santalum album*
과명: 단향과(Santalaceae)
영명: Chandana, East Indian Sandalwood, Sandalwood, Sandalwood Tree, White Sandalwood, White Saunders, Yellow Sandalwood, Yellow Saunders
이명: Chandana(산스크리트), Chandan(인디), Chandan, Sandanam, Srikhanda(뱅갈), Ulocidam(타밀)

높이가 12~15m까지 자라는 상록교목으로 인도, 인도네시아, 말레이시아, 호주 등에서 자생하거나 재배한다. 잎은 긴 난형이고 마주 붙으며, 흑자색의 꽃이 핀다.

백단나무가 쓰인 기록은 B.C. 5세기까지 거슬러 올라간다. 18세기 중반까지는 인도가 유일한 공급처였으나, 그 후 남태평양제도에서 백단나무가 발견되면서 단향의 무역을 둘러싸고 유혈사태가 빚어지기도 하였다.

나무의 심재를 단향, 또는 백단이라고 하는데, 나무의 원줄기를 베어 심재만 취하여 말린다. 나무속살은 강한 향기가 있으나 변재와 껍질은 향기가 없다. 노란색을 띈 것을 황단이라고 하며, 자단은 콩과의 *Pterocarpus santalinus*의 나무속살로서 인도남부와 중국남부 등지에서 생산되는데 붉은 색을 띠므로 백단나무와 구별된다.

인도에서의 단향은 나무 상자나 부채 등 목공예품의 재료로 많이 사용되며 일부는 의학적인 목적에 사용된다.

잎이나 나무껍질은 향이 거의 없고 중심부에 있는 심부분에서 단맛의 향이 나는데, 30년 정도 자라면 겨우 연필심만 한 심부분이 생겨난다. 이 심부분에서 나는 향이 바로 백단향인데 자기를 찍는 도끼날에까지 향기를 남길 정도로 향이 진하며, 향을 조합할 때 필수적으로 들어가는 재료이다.

특히 인도 남부의 밀림에서 나는 백단은 최고의 품질을 자랑한다. 오래 전에 강대국(프랑스, 일본 등)에 의하여 남벌되어 유출되었는데 현재는 인도정부에 의해 벌목 및 수출이 금지되어 있다. 백단은 명상과 최음 효과가 뛰어나 "중독의 향기"로 부르기도 한다.

마음을 진정시켜주고 정신집중과 각성작용을 하므로 고대부터 힌두와 요가수행자들의 수행을 돕는 필수도구로 사용되어 왔으며, 우울증, 불안증, 불면증 등의 치료에도 사용된다.

최음 효과가 뛰어나 인도 여성들은 사람들을 유혹하기 위해 가슴에 백단향 반죽을 문지르기도 했다고 하고 미얀마에서는 여성들이 노란 백단향 가루를 뺨에 바르고 다니는데 이는 백단향 가루가 잡티를 제거하고 자외선을 차단해주는 성질이 있기 때문이라고 한다.

인도에서는 백단은 자생하는 수많은 식물 중에서 가장 신성한 나무로 여겨지고 있으며, 불상, 염주, 목걸이, 장신구, 향, 오일 등을 만들 때 이 백단으로 만든 것을 가장 귀한 것으로 여긴다.

요즘은 그 줄기에서 부드럽고 향기로운 향을 추출하여 향수, 화장품, 약품을 만드는 데 사용한다. 백단오일은 피부미용에 뛰어나 피부노화 방지 및 주름살을 펴주는 효과가 있다고 알려져 있다.

한방에서는 화농 독을 해소시키는데 사용되며 우리나라에서는 향나무의 나무 속을 자단향이라고 하여 한방에서 사용하기도 하며 한의학적으로 보면 백단의 성질은 따뜻하며, 맛은 맵고, 독이 없다.

경전 속의 백단나무

경전 속에서의 백단나무는 참파카초령목과 함께 좋은 향을 내는 최고의 향으로서 자주 등장한다. 악취를 풍기는 피마자(이란)와 비교하여 최상의 향기로 묘사되며 여러 경전에서 부처님께 공양하는 최고의 향들 중 하나로 그려지고 있다.

1) 화엄경

8. 입법계품. 사자빈신 비구니

선재동자는 사자빈신 비구니가 보배나무 아래 놓인 사자좌에 앉아 있는 것을 보았다. ~ 보는 이마다 마음을 시원하게 함이 미묘한 향과 같고, 중생의 온갖 번뇌를 덜어줌이 설산에 있는 전단향과 같고, 보는 중생의 고통이 소멸됨은 선견약같고~

8. 입법계품. 구족 청신사

전단 나무는 간 데마다 열을 지어 섰고 침수향나무는 좋은 향기를 풍기며 유쾌한 향나무는 묘한 향을 장엄하고 파타가 나무가 사방에 둘러섰으며~

2) 법구경 – 4. 생명의 꽃

색깔 고운 꽃이 좋은 향기를 품은 것처럼 말을 행동으로 옮기는 사람 그와 같다네. 꽃 더미로 화환이나 꽃바구니 만들 듯이 세상 살아 있는 동안 많은 선행할 수 있네. 향기 바람을 거슬러 가지 못하니 백단향, 장미향, 재스민의 향기조차도 그러하네.

그러나 덕의 향기는 바람을 거슬러 이 세상 끝까지 퍼져 나가네. 백단향, 장미향, 푸른 연꽃향, 재스민향이 있으나 이러한 꽃향기보다 수승한 덕의 향기 최고라네.

장미향, 백단향도 멀리 가지 못하지만, 선행의 향기 하늘까지 이른다네. 이는 신들 사이에서도 가장 좋은 향기. 덕이 많은 사람, 항상 깨어 있는 사람, 진실의 빛으로 자유를 얻은 사람의 길은 죽음의 신, 마라도 방해할 수 없다네. 길가에 버려진 쓰레기 더미 속에서도 연꽃은 피어나 아름다운 향기 기쁨을 주듯이 진실로 깨어난 이 붓다를 따르는 수행자들은 눈먼 대중들 사이에서 지혜의 밝은 빛을 비추네.

3) 법화경 – 제23 약왕보살본사품(藥王菩薩本事品). 2장 여래가 설하다

이 삼매를 얻고는 마음이 매우 기뻐서 이렇게 말하였느니라. "내가 현일체색신삼매를 얻은 것은 모두 법화경을 들은 힘 덕분이니, 내 이제 일월정명덕 부처

님과 법화경에 공양하리라."

그리고 곧 이 삼매에 들어 허공중에서 만다라화와 마하만다라화와 미세하고 굳고 검은 전단 가루를 비 오듯 내리니 허공에 가득하여 구름처럼 내려오고, 또 해차안 전단향을 비 오듯 내리니, 이 향은 육수(무게의 단위)의 값이 사바세계와 맞먹는데 이를 부처님께 공양하였느니라. 그때 일체의 중생과 회견보살은 부처님의 열반을 보고 슬픔과 번민으로 부처님을 연모하고 받들어 해차안 전단을 쌓아두지 않고 즉시 이것을 태워서 부처님의 몸에 공양하여 올렸다.

참파카초령목/첨복瞻蔔

학명: *Magnolia champaca, Michelia champaca*
과명: 목련과(Magnoliaceae)
영명: Joy Perfume Tree, Huang Yu Lan, Safa
이명: 황화수(黃華樹), 금색화수(金色華樹), Champakah(산스크리트), Champa(힌디), Champak(인도), Sambagan(타밀), Champaka(말레이), Champar(타이), Su(베트남), Sagawa(미얀마)

아시아, 북아메리카가 원산지인데 다 자란 나무는 피라미드형으로 키가 약 30m이고 광택이 나는 잎을 가진 거대한 나무이다. 회색의 수피는 매끈하며, 상록인 잎은 넓은 타원형으로 길이가 25㎝이다. 좁은 별 모양의 꽃은 노란색에서 오렌지색으로 봄, 가을에 핀다. 심홍색 또는 갈색의 씨가 송이를 이루어 달린다.

아시아지역의 열대 및 아열대에 분포하는 약 25종이 알려져 있으나, *M. champaca*는 주로 인도, 인도차이나, 말레이시아에 분포한다. 인도에는 동 히말라야에서 아셈 지방까지 1,000m 이하의 구릉지에서, 미얀마와 타이 등에는 평탄지에서 자라며 말레이시아에서는 고지대에서 야생종으로 발견되기도 한다. 열대지방에서는 가로수로 자라기도 하는데, 이 나무가 비슈누 신에 바쳐진 것으로 전해져 힌두교 사원에도 심고 있다.

목재는 광택이 뛰어나고 제재와 가공이 용이하며 내구성이 상당히 좋아, 보트, 드럼, 종교적인 조각을 만드는 데 쓰지만, 인도에서는 이 나무를 숭배하기 때문에 나무를 베지는 않는다. 이와 비슷한 종인 초령목(*Michelia compressa*)은 키가 12m인 일본산 교목으로 2.5㎝의 향기 나는 노란색 꽃이 피며 관상용으로 심는다.

초령목이란 이름은 이 나무의 가지를 불상 앞에 꽂는 풍습이 있어 붙여진 이름이며, 이 때문에 귀신나무라고 잘못 번역하기도 한다. 국내에서 자생종이 멸종한 것으로 알려진 초령목이 제주 서귀포시 남원읍 하례리 하천변에서 발견되었고, 2010년 4월 신안군은 흑산도에서 자생하고 있는 멸종위기 희귀수목인 초령목의 버려진 가지를 이용해 삽목으로 대량 증식에 성공하였다고 밝히기도 했다.

또 하나의 종류인 미켈리아 피고(*M. figo*)는 중국이 원산지로 가장자리가 붉고 노란색의 꽃을 피워 미국 남부에서 많이 기르고 있는데, 꽃의 향기가 좋아 사원이나 정원에서 많이 볼 수 있다.

첨복 나무는, 샴푸라는 단어의 근원이기도 하다. 샴푸란 말은 18C 영국에서 '마사지'라는 뜻으로 사용되었는데, 근육을 문질러 마사지한다는 뜻을 가진 힌두어 Champo에서 음만 차용한 단어이다. 그리고 그 어원을 거슬러 올라가면 'Champa'에서 유래한 것이고 이 Champa라는 단어는 '*Michelia champaca*'라는 꽃, 바로 첨복 때문에 생겨난 말인데, 이는 꽃에서 향유를 추출하여 향이 진한 머릿기름을 만들어냈기 때문이라 한다. 특히 참파카 워터는 세계적인 향수의 원료로 사용될 만큼 향기가 뛰어나며 기미와 주근깨 해소, 미백과 피부재생의 효과도 있다.

경전 속의 첨복

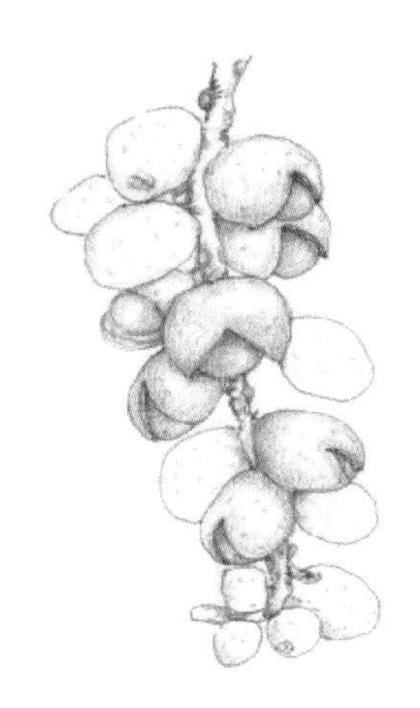

무엇보다도 첨복의 향유는 좋은 향 때문에 불전에서 등공양에 사용되었으리라 여겨지며 나무껍질 역시 향이 좋아 공양용으로 태우기도 했는데 법화경 속에도 첨복을 태우는 것을 큰 공덕이라 하고 있다. 첨복은 악취를 없애는 향목이라는 점 때문에 여러 경전 속에서 악한 사람도 감화시킬 수 있는 스승 또는 친구, 계행의 향기로서 묘사되고 있다.

1) 법화경

제17. 분별 공덕품

이해하고 믿는 마음 법화경을 받아 지녀 읽고 또한 쓰고 남을 시켜 쓰게 하여 이 경전에 공양하며 꽃과 향을 뿌리거나 수만 첨복, 아제목다가 기름으로 불 밝히니 이런 공양하는 이는 한량없는 공덕 얻어 끝이 없는 허공처럼 복과 덕이 이와 같네.

제23 약왕보살본사품 제1장 옛 인연을 밝히다

곧 전단향, 훈육향, 도루바향, 필력가향, 침수향 교향 등의 모든 향을 먹고 또 첨복 등 모든 꽃의 향유 마시기를 일천 이백 년이 되도록 하였으며, …만일 꽃과 향과 열락과 사르는 향, 가루향, 바르는 향과 하늘의 비단 번개와 해차안의 전단향 등 이와 같은 여러 가지 물품으로 공양할지라도 능히 이에 미치지 못하며…

제 23 약왕보살본사품 – 4장 이익의 수승함을 나타내다

가지가지 등인 우유등 · 기름등 · 향유등 · 첨복 기름등 · 수만나 기름등 · 바라라기름등 · 바리사가기 기름등 · 나바마리기름등으로 공양하면 그 얻는 공덕은 또한 한량이 없느니라.

제26 다라니품

…하물며 법화경을 받아가지고 경전에 공양하기를 꽃과 향과 영락과 가루향, 바르는 향, 사르는 향과 번개, 기악과 우유등 · 기름등 · 향유등 · 소마나꽃기름등 · 첨복꽃 기름등 · 바사카꽃 기름등 · 우발라꽃 기름…

따말라/계피桂皮나무

학명: *Cinnamomum tamala*
과명: 녹나무과(Lauraceae)
영명: Cassia Vera, Indian Bark, Indian Bay-Leaf, Indian Cassia, Indian Cassia Bark, Tamala Cassia
이명: Tamalaka, Tamalapattra, Tamalpatra, Tejapatra, Tejpatra(산스크리트), Talishapattiri, Talishappattiri, Tāḷicappattiri(타밀), Tejpat(인디), Tejpata(뱅갈), Tejpata(Leaves)(힌디), Tamara Nikkei, Tezipatto(일본), 육계(肉桂)나무

껍질에 매운 향기를 가지고 있어서 수정과나 과자제조에 쓰는 계피(桂皮)와 식물학적으로 다른 종류이나, 계피의 대용으로 흔히 쓰여서 '계피나무'라 부르기도 한다.

대체로 높이 10여 m에 지름 30~40cm 정도 자라는 나무이다. 껍질은 나이를 먹어도 갈라지지 않아 매끄러운 흑갈색이다. 잎은 어긋나며 긴 피침형으로 길이가 10여 cm에 이른다.

잎의 가장자리는 밋밋하며 잎맥은 주맥과 잎 양측의 측맥이 너무 뚜렷하여 마치 3줄맥처럼 보이며 잎의 끝과 밑이 뾰족하다. 잎을 따서 비벼보아도 계피 향을 맡을 수 있다. 꽃은 6월에 잎겨드랑이에서 나오는 우산모양 꽃차례에 작은 황록색의 꽃이 달린다. 열매는 길이 1cm 정도로 까맣게 익으며 1개의 종자가 들어 있다.

학명인 Cinnamomum은 cinein(말려든다)와 amomos(비난 없이)의 합성어로 '동그랗게 말려 있는 좋은 향기의 껍질'이란 뜻으로 계피가 말려 있는 모양을 묘사하고 있다. Cassia는 계피의 그리스 옛 이름인데 히브리어의 'gasta 즉, 껍질

을 벗기다'에서 비롯된 이름이다.

일반적으로 부르는 시나몬(Cinnamon)은 계피(桂皮)와 카시아(*C. cassia*: 肉桂) 등 원산지별로 조금씩 다른 많은 종류가 있고 구분하지 못할 정도로 유사해서 4,000년 전부터 혼돈을 빚어온 가장 오래된 향신료로서, 후추, 정향(크로우브)과 함께 3대 향신료의 하나이다.

현재도 향수는 물론 음료와 칵테일, 홍차 등에 이용하고 과자와 케이크의 달고 매운맛을 내는 데 이용한다. 우리나라에서도 수정과, 떡, 사탕 등에 두루 사용하고 있다.

한방에서는 지엽을 증류하여 계피유(cassia oil)를 만들어 약용과 향료로 쓴다. 또, 인도네시아에서 자생하는 바타비아 시나몬(*Batavia burmanni*)은, 중국 남부와 말레이시아, 수마트라, 자바 등지에서 가장 널리 재배되는 시나몬 류의 대표 식물이다.

인도 원산의 "인디언 카시아(*Cinnamomum tamala*)"는 카시아 시나몬이라고도 하며 인도에서는 잎을 건조시켜서 요리의 향신료로 쓰며 수피는 시나몬의 대용품으로 이용한다.

스리랑카가 원산지인 실론 시나몬(*Ceylon cinnamon*)은 계피 특유의 청량감과 감미로운 향, 달콤한 맛이 있고 매운맛이 거의 없는 것이 특징이다. 이것을 몇 장 포개어서 돌돌 만 것을 Quill이라하며 계피류 중에서 최상품으로 친다.

Cassia(육계)는 중국남부와 인도네시아가 원산지로 우리가 흔히 즐겨 쓰는 매운 맛이 나는 계피를 말한다. 가지나 줄기의 껍질을 계피라 하여 약용과 시나몬의 대용으로 과자나 요리에 향신료로 쓴다.

성경 속에서도 시나몬이 등장하는데, 성경의 출애굽기 30장 22~32절에 의하면, 시나몬이 제사장 아론에게 부은 성별(聖別)의 신성한 기름의 재료였으며 성소의 분향에도 쓰이는 귀중한 향료의 하나였다고 기록되어 있다.

경전 속의 따말라

1) 대무량수경

아난이여, 저 정토에는 여러 강이 흐르고 있다. 그 모든 큰 강의 양쪽 언덕에는 갖가지의 향기 있는 보석나무가 잇따라 나있으며, 그 나무에서 각종의 큰 가지와 잎, 꽃다발이 밑으로 드리워져 있다. 또, 그 모든 강에는 천상의 따말라 나무 잎이나 아가루나 안식향이나 따가라, 그리고 우라가사라짠다나라는 최고의 향기가 나는 꿀이 철철 넘쳐흐르고, 천상의 홍련화, 황련화, 벽련화, 훌륭한 향의 연화 같은 꽃으로~

계수桂樹나무

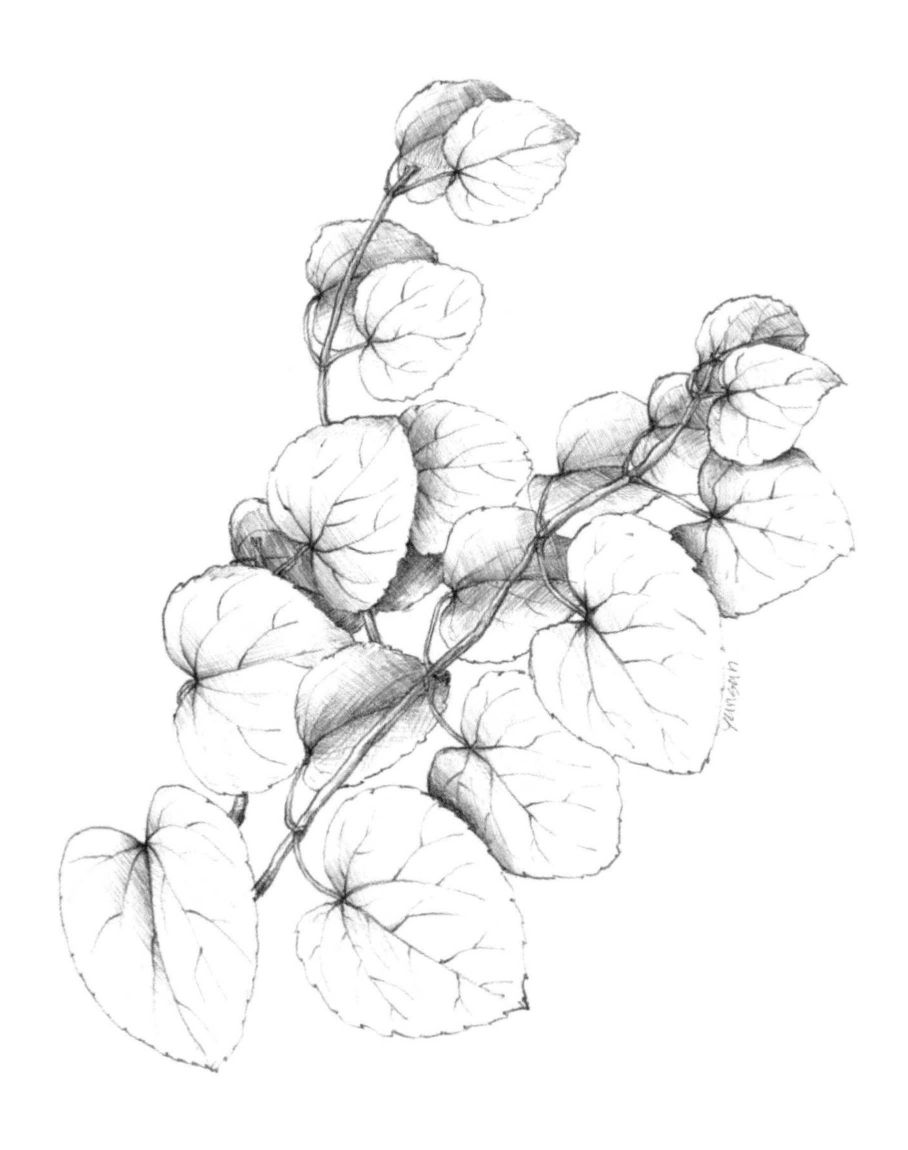

학명: *Cercidiphyllum japonicum*
과명: 계수나무과(Cercidiphyllaceae)
영명: Katsura tree
이명: 연향수(連香樹), 오군수(五君樹), 산백과(山白果), 계수(桂樹)

낙엽활엽 교목으로 키는 45m에 이르러 아시아에서 가장 큰 나무 중의 하나로 단풍이 아름답고 꽃향기가 좋아 관상용으로 심는데, 우리나라 남부지방과 일본, 중국 등지에 분포한다.

잎은 마주나고 넓은 난형이며 길이와 넓이는 각 3~7cm로 끝이 다소 둔하다. 잎의 앞면은 초록색, 뒷면은 분백색(粉白色)이고 5~7개의 손바닥 모양의 맥이 있으며 가장자리에는 둔한 톱니가 있다.

꽃은 암수 딴그루로 5월경에 잎보다 먼저 각 잎겨드랑이에 한 개씩 핀다. 수꽃에는 많은 수술이 있고 수술대는 가늘다. 암꽃에는 3~5개의 암술이 있으며 암술머리는 실같이 가늘고 연홍색이다. 열매는 암그루에 3~5개씩 달리고 씨는 편평하며 한쪽에 날개가 있다.

속명인 Cercidiphyllum은 박태기나무(속명 Cercis)와 잎 모양이 아주 비슷한 데서 유래한 것인데 박태기나무의 잎은 어긋나고, 계수나무의 잎은 마주 나서 쉽게 구별할 수 있다.

경전 속의 계수나무

1) 법화경 -19. 법사공덕품

혹은 향기거나 혹은 나쁜 냄새거나 갖가지를 다 맡아서 알리라. 수만나향, 사제향, 다마라향과 전단향, 침수향, 계수향과 갖가지 꽃향기 과일향기와 중생의 향기, 남자, 여인의 향기를 식별하되, 설법하는 이가 멀리 있어도 향기를…

연蓮

학명: *Nelumbo nucifera*
과명: 수련과(Nelumbonaceae)
영명: Lotus, East Indian Lotus, Egyptian Lotus, Indian Lotus, Lotus Root, Lotusroot, Oriental Lotus, Padma, Sacred Bean of India, Sacred Lotus, Sacred Water Lily, White Asiatic Lotus
이명: Kamala, Kanval, Padma, Pankaj, Pankaja, Tamarai(타밀), Svetakamala(산스크리트), Komal, Kombol, Padama, Pudmapudu (뱅갈), He, He Hua, He Ye, Lian, Lian(Taiwan)(중국), Sivapputamarai, Kamal, Kanwal(힌디), Hasu, Renkon(일본)

여러해살이 수중식물로 원산지는 아시아 남부, 오스트레일리아 북부이다. 진흙 속에서 자라면서도 고결한 모습을 잃지 않으며, 연못에서 흔히 자라지만 논밭에서 재배하기도 한다. 잎 표면에는 눈에 보이지 않는 잔털이 촘촘히 나 있어 물이 떨어지면 방울처럼 둥글게 뭉쳐 굴러다닐 뿐 전혀 젖지 않는다.

뿌리줄기로부터 긴 잎자루와 긴 꽃대가 올라와 수면 위에서 잎과 꽃을 피우는데, 잎은 뿌리줄기에서 나와서 높이 1~2m로 자란 잎자루 끝에 달린다. 또한 지름 40cm 내외로서 물에 젖지 않으며 잎맥이 방사상으로 퍼지고 가장자리가 밋밋하다. 잎자루는 겉에 가시가 있고 안에 있는 구멍은 땅속줄기의 구멍과 통한다.

꽃잎은 달걀을 거꾸로 세운 모양이며 수술은 여러 개이다. 꽃 턱은 크고 편평하며 지름 10cm 정도이고 열매는 견과이다. 종자가 꽃 턱의 구멍에 들어 있는데 수명이 길다. 품종은 일반적으로 대륜 · 중륜 · 소륜으로 나눈다.

꽃은 보통 오후에 피었다가 오므라들곤 하는데, 3일 동안 되풀이한다. 연꽃은 비록 물에서 살지만 부레옥잠이나 벗풀, 보풀 등과 같이 꽃이 물 위로 피어나기 때문에 육상식물처럼 바람이나 곤충을 이용해 꽃가루받이를 한다.

땅속줄기 끝의 살진 부분을 연근이라 하고, 씨앗을 연밥 또는 연실이라 하여 모두 식용으로 사용한다. 연근은 아리면서 특이한 맛이 나고, 연밥은 밤처럼 고소하다. 연잎으로는 술과 차 등을 담가 먹으며 지혈제로도 활용한다.

연꽃의 효능

연은 한의학에서도 매우 유용한 한약재로 사용하고 있는데, 열매에서부터 잎, 꽃, 연밥, 연의 암술, 뿌리에 이르기까지 연의 대부분을 활용하고 있다. 가장 많이 사용하는 부분은 열매로 기력을 돕고 오장을 보호해주며 갈증과 설사를 없애준다. 특히 마음을 안정시키는 효능이 있어 신경이 예민한 현대인들에게 유용한 약재다.

달면서도 쓴맛이 있는 잎은 혈액순환을 좋게 하고 어혈을 풀어주는 데 좋으며 타박상으로 인한 울혈을 치료하고, 상처에 찧어 붙이면 지혈효과가 크다. 흰 연꽃 한 장을 종기가 난 데 찧어 붙이면 놀랄 만큼 빨리 낫는다고 한다.

연꽃의 노란 수술 말린 것은 치질과 치루를 치료하는 데 쓰이고 당뇨병으로 인한 심한 갈증을 멎게 하고 혈당조절에 효과가 있다. 또, 연꽃은 머릿 결을 좋게 하고 검게 한다고 한다.

연씨의 효능

연밥은 연육, 연실, 연자, 상련, 종자, 연자육 등 여러 가지 이름이 있다. 연밥에는 전분, 탄수화물, 단백질, 지방 등 주요 영양소와 비타민 C, 비타민 B1, 비타민 B2, 철분, 칼슘, 인, 나이아신, 아스파라신, 구리, 망간 등도 고루 들어 있어 우수 영양식품으로 꼽힌다. 특히 연밥은 성장 발육기의 어린이와 노인, 환자에게 더욱 좋은 식품이다.

연밥은 마음을 가라앉히는 효과가 뛰어나고, 스트레스나 신경과민, 우울증에 더 없이 좋은 약이며, 오랫동안 병을 앓아 소화가 잘 안되고 식욕이 없을 때도 찹쌀과 연밥으로 죽을 쑤어 먹으면 좋다. 기력을 왕성하게 하여 장복하면 수명을 연장한다고 한다.

연잎의 효능

연잎의 항산화작용은 활성산소로 인해 생기게 되는 성인병 예방과 노화 억제를 나타낸다.

한방 문헌에 보면 연잎은 해독작용이 있어 바닷게를 먹고 중독된 경우에 좋다고 나와 있다. 그밖에 연잎 중에서 둥글고 큰 잎을 '부용(芙蓉)'이라고 하는데, 부용은 미녀를 상징하는 것으로 잎이 깨끗하기도 하지만 피부 미용에도 좋기 때문이다.

연의 잎은 '하엽(荷葉)'이라고 하는데, 더위와 습기를 물리치고 출혈을 멎게 하고 어혈을 풀어주는 효과가 있다. 그래서 더위와 습기로 인해 설사가 나는 것을 멎게 하고 갈증을 없애주며, 머리와 눈에 쌓인 풍과 열을 맑게 하여 어지럼증을 치료하고, 각혈이나 코피, 뇨혈, 자궁출혈 등의 각종 출혈증의 치료에 좋다.

연잎은 항균작용과 혈압강하 작용을 하며 위장을 튼튼하게 하고 미용과 정력에도 도움을 준다고 한다. 최근에는 연잎을 이용하여 차를 만들기도 하고 잎에 싸서 밥을 하기도 한다.

연근의 효능

연근의 주성분은 녹말로서 날로 씹어 먹거나 즙을 내서 먹기도 하며, 요리나 약재로 다양하게 활용되는 식품이다. 무기질과 식이섬유 등이 풍부해 피부를 건강하게 하고 콜레스테롤을 저하시키는 데 도움을 준다. 특히 다른 뿌리식물에 비해 항산화 작용과 항암 작용을 하는 비타민 C가 많으며, 항암성분으로 알려진 폴리페놀도 함유하고 있는데, 맛은 달고 따뜻한 성질을 가지고 있다.

연근은 상처를 낫게 하고 지혈작용이 있으며, 설사 · 구토를 다스린다.

연근에 있는 실처럼 끈끈하게 엉긴 물질이 '뮤신'인데, 이 성분은 세포의 주성분인 단백질의 소화를 촉진시켜주고 위벽을 보호해주는 기능을 한다.

연근은 과민성대장 증세를 보이는 사람이나 수험생, 어혈이 많이 생겨 가슴이 답답하고 아프거나 산후 임산부에 도움을 주기도 하며, 갈증이 심하거나 당뇨가 있는 경우에도 좋고, 술독을 풀어주므로 술 마신 다음날 연근을 생으로 갈아 마시면 좋다. 그러나 평소 변비가 있거나 소화기능이 약한 사람의 경우에는 소화가 안되고 변비가 생길 수 있으므로 주의해야 한다.

인도에서의 연꽃의 역할과 의미

인도에서는 연꽃이 창조 신화의 중심적인 식물로서 혹은 선의 상징으로서 취급되어 왔다. 오늘날 인도의 국장(國章)으로 쓰이는 사자의 조각은 이 아쇼카 왕이 세운 사르나트에 있는 돌기둥 법칙령의 꼭대기에 있는 것으로 연꽃 모양을 한 연화대와 위에 서 있는 형상인 것이다. 그는 사람들이 지켜야 할 진리가 부처님이 설한 법(다르마)에 있다는 것을 확신하고 그것을 몸소 실천했는데 이러한 사실로도 연꽃이 다르마(dharma, 진리)의 실현을 상징하고 있음을 알수 있다.

부처님이 도를 이루신 성지인 붓다가야의 큰 탑의 오른쪽 끝에는 성도 후에 부처님께서 경행(經行, 좌선하다 잠깐씩 걷는 것)하시던 발자국에서 저절로 연꽃이 생겼다고 하는 연꽃 모양을 한 돌 받침대가 늘어서 있다.

인도 사람들은 경사스러운 때나 제사 시에 연꽃으로 꾸민다. 결혼식에도 연꽃이 화려하게 등장한다.

인도의 최고 훈장은 '빠드마 브샤나'라고 하는데 이는 연꽃으로 이루어진 장식이란 의미이다. 이러한 관념이 불교에도 받아들여져 '연꽃에 비유된 바른 가르침의 경전 즉 [법화경]이 성립되었던 것이며, 불교의 이상 세계인 극락정토에는 청색연꽃, 황색연꽃, 홍색연꽃 순백색의 연꽃이 있어 그 같은 연꽃들의 갖가지 빛깔 갖가지 광채, 갖가지 그림자가 있다고 전한다.

불교에서 연꽃의 의미

불교에서는 특히 연꽃을 신성시하여 부처님의 좌대를 연꽃 모양으로 수놓는

데, 이를 '연화좌'라 한다. 꽃의 색이 깨끗하고 고와서 꽃말도 청결, 신성, 아름다움이다.

불교를 상징하는 부처님의 꽃인 연꽃은 싯다르타 태자가 룸비니 동산에서 태어나 동서남북으로 일곱 발자국씩을 걸을 때마다 땅에서 연꽃이 솟아올라 태자를 떠받들었다는데서 불교의 꽃이 되었다.

연꽃을 이르는 표현으로 처염상정(處染常淨)이란 말이 있는데, 이는 더러운 곳에 처해 있어도 세상에 물들지 않고, 항상 맑은 본성을 간직하고 있을 뿐만 아니라, 맑고 향기로운 꽃으로 피어나 세상을 정화 한다는 말로 연꽃의 성격을 잘 대변하는 말이다. 군자는 더러운 곳에 처해 있더라도 그 본색을 물들이지 않는다는 유교적 표현과도 그 뜻을 같이 한다.

이렇듯 연꽃은 진흙 곧 사바사계에 뿌리를 두되 거기에 물들지 않고 하늘을 향해 즉, 깨달음의 세계를 향해 피어나는 속성을 가지고 있으며, 꽃송이가 크지만 몇 개의 꽃잎으로 이루어진 것이 아니라 중심을 향하여 겹겹이 붙어있어 형성된 모습이 불상을 연상시키기도 한다.

연꽃의 씨는 오랜 세월이 지나도 썩지 않고 보존되다가 발아에 적당한 조건이 주어지면 다시 싹이 트기도 하여 불생불멸(不生不滅)의 상징으로 여겨지기도 하다. 실제로도 2천년 묵은 종자가 발아한 예도 있으며 다른 식물들과 달리 꽃이 피면서 열매가 생기는 것을 인과(因果)가 동시에 나타나는 것이라 하여 '삼세인과(三世因果)' 라고 한다.

일반적으로는 모든 꽃은 꽃이 지면 열매를 맺지만 연꽃은 꽃과 열매가 동시에 맺혀 화과동시(花果同時)라고 한다. 이는, 깨달음을 얻고 난 뒤에야 이웃을 구제하는 것이 아니라, 이기심을 없애고 자비심을 키우며 모든 이웃을 위해 사는 것 자체가 바로 깨달음의 삶이라는 것을 연꽃이 속세의 중생들에게 전하려는 메시지라고 여겨진다.

연꽃의 생명은 3일인데 첫날은 절반만 피어서 오전 중에 오므라든다. 이틀째 활짝 피어나는데, 그때 가장 화려한 모습과 아름다운 향기를 피어낸다. 3일째는 꽃잎이 피었다가 오전 중에 연밥과 꽃술만 남기고 꽃잎을 하나씩 떨어뜨리는 점 때문에 연꽃은 자기 몸이 가장 아름답고 화려할 때 물러날 줄 아는 군자의 꽃으로 평가되기도 한다.

극락왕생의 기원인 연꽃은 인도의 고대신화에서부터 등장한다. 불교가 성립되기 이전 고대인도 브라만교의 신비적 상징주의 가운데 혼돈의 물밑에 잠자는 영원한 정령 '나라야나'의 배꼽에서 연꽃이 나왔다는 설화가 있으며 이로부터 연꽃을 우주의 창조와 생성의 의미를 지닌 꽃으로 믿는 '세계 연화사상'이 나타났고 세계연화사상은 불교에서 부처의 지혜를 믿는 사람이 서방정토에 왕생할 때 연꽃 속에서 다시 태어난다는 '연화화생(蓮華花生)'의 의미로 연결되었다.

『화엄경 탐현기』에서는 연꽃이 향(香), 결(潔), 청(淸), 정(淨)의 네 가지 덕을 가지고 있다고 기록되어 있다. 불 · 보살이 앉아 있는 자리를 연꽃으로 만들어 연화좌 또는 연대라 부르는 것도, 번뇌와 고통과 더러움으로 뒤덮여 있는 사바세계에서도 고결하고 청정함을 잃지 않는 불 · 보살을 연꽃의 속성에 비유한 것이다. 스님들이 입는 가사(袈裟)를 연화복 또는 연화의라고 하는 것 역시 세속의 풍진에 물들지 않고 청정함을 지킨다는 의미를 담고 있는 등 연꽃은 불교의 곳

곳에 사상의 토대가 되는 꽃으로 인식되고 있다.

경전 속의 연꽃

연꽃은 불교경전에 등장하는 여러 가지 식물 중에서도 특별히 불교를 상징하고 있는 꽃이다. 연꽃의 종류는 빠드마(Padma, 紅蓮華), 웃뜨빨라(Utpala, 靑蓮華), 니로뜨빨라(Nilotpala, 靑蓮), 꾸무다(Kumuda, 黃蓮華), 뿐다리까(Pup-darika, 白蓮華)등의 5종이 있다고 경전에서 설하고 있으나, 불교 경전에서는 연꽃과 수련이 구분 없이 모두 연꽃으로서 등장하고 있으며 발두마화(빠드마) · 우발라화(웃뜨빨라) · 니로발라화(니뜨로빨라) · 분다리가화(뿐다리까) · 구물두화(꾸무다)라는 이름으로도 등장하고 있다.

[법화경 (묘법연화경)]은, 경전의 결백하고 미묘함을 연꽃에 비유한 것으로 '묘법연화경'이라는 이름은, 경전이 가진 결백하고 미묘한 뜻을 연꽃에 비유한 것이다. 한글 [법화경] 권 제1에는 이 경의 이름에 대해, '꽃과 동시에 곧 열매가 맺고 더러운 곳에 있으면서도 언제나 깨끗하니 이것은 연꽃의 실상이요, 중생과 부처가 근본이 있어 윤회를 거듭해도 달라지지 아니하니 이것은 마음의 실상이요, 그 모양은 허망하지만 그 정기는 지극히 진실하니 이것은 경계의 실상이로다. 이른바 묘법은 추함을 버리고 묘함을 취한 것이 아니고 추(醜)함에서 곧 묘(妙)함을 나타내심이다. 추함에서 곧 묘함을 나타내는 것은 심은 연꽃이 더러운 곳에서도 항상 깨끗한 것과 같다.'고 기술하고 있다.

1) 미란다왕문경 – 제4장 수행자가 지켜야 할 덕목

127. 처자를 보시한 벳산타라 왕

연꽃이 지극한 청정성 때문에 물이나 진흙이 묻지 않는 것처럼, 마니주가 그 수승한 덕성 때문에 소원을 모두 성취시켜주는 것처럼……

134. 열반의 형태와 특징

"대왕이여, 마치 연꽃이 진흙에 더럽혀지지 않듯이 연꽃은 모든 번뇌에 물들지 않습니다. 이러한 연꽃의 특성이 열반에 있습니다."

137. 두타행에 관하여

"두타행은 연꽃과 같습니다. 번뇌의 흙탕에 더럽혀지지 않기 때문입니다. 두타행은 고급 향과 같습니다. 번뇌의 악취를 없애주기 때문입니다. 두타행은 수미산과 같습니다. 세간의 바람으로 동요되지 않기 때문입니다."

2) 여래장경

선남자여, 무수한 연꽃이 홀연히 시들고 무량화불이 연꽃 속에 앉아서 대광명을 놓았나니 선남자여, 내가 불안으로 일체 중생을 보건데 설사 탐, 진, 치 모든 번뇌 가운데 있더라도……

3) 법구경

이 지독한 갈애를 극복한 사람의 슬픔은 연꽃 잎의 물방울처럼 사라진다. 나무를 베어내더라도 그 뿌리가 튼튼하게 살아있으면 다시 싹이 나듯이 애욕의 뿌리를 제거하지 않으면 이 고통은 계속된다.

…백단향, 장미향, 푸른 연꽃향, 재스민향 있으나 이러한 꽃향기보다 수승한 덕의 향기 최고라네. …길가에 버려진 쓰레기 더미 속에서도 연꽃은 피어나 아름다운 향기 기쁨을 주듯이 진실로 깨어난 이 붓다를 따르는 수행자들은 눈먼 대중들 사이에서 지혜의 밝은 빛을 비추네.

4) 능엄경 – 단(壇)을 만드는 방법

…여덟 각의 단을 만들고 단의 중심에 금, 은, 구리, 쇠로 만든 연을 하나 놓아두고 그 연꽃 속에 발우를 놓고 발우 속에는 먼저 중추의 이슬을 담아놓고 그 물속에는 꽃잎을 넣어 둘 것이니라. 여덟 개의 둥근 거울을 가져다가 각 방향에 걸어놓아 연꽃과 발우를 둘러싸게 하고 거울 밖에는 16개의 향로를 연꽃 사이사이마다 설치하여 향로를 장엄하게 꾸며놓고……

5) 법화경

제11 견보답품. 제1장 보탑이 솟아나다
삼십삼천의 하늘나라에서는 하얀 연꽃을 비오듯이 내려 보배탑에 공양하고, 다른 여러 하늘, 용왕, 야차, 건달바, 아수라, 가루라, 진나라, 마후라가와 사람과 사람 아닌 이들 천만억의 대중은 모든 꽃과 향락과 열락과 번개, 기악들로 보배탑에 공양하고 공경하고 존중하며 찬탄하였다.

제12 제바달다품. 제1장 성불의 인연을 밝히다
부처님께서 여러 비구들에게 말씀하시었다. "앞으로 오는 세상에 만일 선남자, 선여인이 있어 이 묘법연화경의 제바달다품을 듣고 맑고 깨끗한 마음으로 믿고 공경하여 의심을 내지 않는 사람은, 지옥이나 아귀나 축생에 떨어지지 아니하고 시방의 부처님 세계에 태어나 그곳에서 이 법화경의 법문을 항상 들을 것이며, 만일 인간이나 천상 가운데 태어나면 가장 훌륭하고 미묘한 기쁨과 즐거움을 받을 것이며 또 부처님 앞에 태어나면 연꽃 위에 화생하리라.'

제12 제바달다품. 2장 용녀가 불도를 이루다

이 때, 문수사리보살은 큰 수레바퀴만한 천 잎 연꽃 위에 앉았고 함께 하는 보살들도 모두 보배로 된 연꽃 위에 앉아 있었다.

이들은 큰 바다의 사갈라 용궁으로부터 저절로 솟아올라 허공을 지나 영축산에 이르렀다. 연꽃에서 내려와 부처님 앞에 나아가 머리를 숙여……

제15 종지용출품. 제3장 집착하여 의심을 내다

부처님은 오랜 옛날 석씨 문중 출가하여 가야성의 가까운 곳 보리나무 아래 앉아 오래 있지 않았건만 교화하신 여러 불자 한량없고 가 없어 그 수효를 알 수 없고 불도 오래 행한 그들 신통력에 머무르며 보살도를 잘 배워서 세간법에 물 안 들어 물속에 핀 연꽃처럼 땅 속에서 솟아나와……

제19 법사공덕품. 4장 이 경을 가진 이의 코의 공덕을 설하다

2. 수만나 꽃의 향기, 사제 꽃의 향기, 말리꽃의 향기, 첨복꽃의 향기, 바라라 꽃의 향기, 붉은 연꽃의 향기, 푸른 연꽃의 향기, 흰 연꽃의 향기와 꽃나무의 향기, 과일나무의 향기와 전단향, 침수향, 디마라발 향, 다가라향, 천만 가지 조합한 향과 혹은 가루향……

제23 약왕보살본사품. 제1장 옛 인연을 밝히다

……그리고 즉시 삼매에 들어 허공 가운데서 하얀 연꽃과 커다란 연꽃과 고운 가루로 된 검은 전단향을 비 뿌리듯 하니 허공 가운데 가득 차서 구름같이 내려오며, 또는 해차안의 전단향을 비 오듯 내리니……

제23 약왕보살본사품. 제4장 이익의 수승함을 나타내다

……이 수명을 마치고는 큰 보살들이 극락세계의 아미타불을 둘러싸고 설법 듣는 곳에 가서 연꽃 속에 있는 보배자리 위에 태어나게 하리라……

제24 묘음보살품. 제2장 묘음보살이 먼 곳에서 응하다

…부처님 법좌에서 거리가 멀지 않은 곳에 팔만 사천의 보배스러운 연꽃을 신통력으로…

이 때, 문수사리법왕자는 이 연꽃을 보고 부처님께 여쭈었다. '세존이시여, 무슨 인연으로 이러한 상서가 나타납니까? 수천만의 연꽃이 있는데 염부단금으로 줄기가 되고…

…이 보살은 눈이 넓고 크기가 푸른 연꽃 잎과 같으며 백천만 개의 달을 모아 놓은 것보다도 그 얼굴이 더 단정하며, 몸은 황금빛인데 한량없는 배천의 공덕으로 장엄하며…

이때, 묘음보살마하살이 석가모니 부처님과 다보 부처님 탑에 공양함을 마치고 그 본국으로 돌아가니, 지나는 모든 나라는 여섯 가지로 진동하고 보배의 연꽃이 비 내리듯 하며…

제25 관세음보살 보문품. 제3장 관세음보살에 대하여 묻다

24. 거룩하온 아미타불 부처님께선 깨끗하고 영묘한 연꽃봉오리 사자좌 높은 곳에 앉아 계시니 샤알라 나무처럼 빛나시도다.

제28 보현보살권발품. 제1장

…지나오는 국토마다 크게 진동하고 보배의 연꽃이 비 오듯이 내리며 한량없는……

6) 유마경

연꽃은 고원이나 육지에서는 꽃을 피우지 않는다. 연꽃은 더럽고 습한 진흙땅에서 자라난다.

이와 같이 무위법(無爲法)을 보고 깨달았다고 해도 그 경지에 안주하는 사람은 온전한 불법을 체득하지 못한다.

7) 대무량수경

또, 그 모든 강에는 천상의 따말라나무 잎이나 아가루나 안식향이나 따가라, 그리고 우라가사라짠다나라는 최고의 향기가 나는 꿀이 철철 넘쳐흐르고, 천상의 홍련화, 황련화, 벽련화, 훌륭한 향의 연화 같은 꽃으로……

8) 불설아미타경(佛說阿彌陀經)

극락세계에는 또 칠보로 된 연못이 있고, 그 연못에는 여덟 가지 공덕이 있는 물로 가득 차며 …그리고 그 연못 속에는 수레바퀴만한 연꽃이 피어, 푸른빛에서는 푸른 광채가 나고, 누른빛에서는 누른 광채가, 붉은 빛에서는 붉은 광채가, 흰 빛에서는 흰 광채가 나는데, 참으로 아름답고 향기롭고 정결하다.

수련睡蓮

학명: *Nymphaea tetragona*

과명: 수련과(Nymphaeaceae)

영명: 1) *Nymphaea lotus*(*Nymphaea aegyptiaca*)

Egyptian Lotus, Egyptian Water-Lily, Tiger Lotus, Tropical Night-Blooming Water Lily, Waterlily, White Egyptian Lotus, White Lotus, White Water-Lily

2) *Nymphaea alba*(European White Water-Lily)

European White Water-Lily, European White Waterlily, White Pond Lily, White Water Lily

3) *Nymphaea pubescens*(Nymphaea rubra)

Red water lily.

4) *Nymphaea nouchali*(Nymphaea stellata)

Blue Egyptian lotus, Blue lotus, Blue waterlily, Egyptian lotus, Sacred narcotic lily of the Nile.

5) *Nymphaea tetragona*

Pygmy waterlily, Small white waterlily.

이명: 연봉초(蓮蓬草), 연봉화, 연봉꽃, 자오련(子午蓮), 미초,

Nymphaea caerulea: Rohit(산스크리트),

Nymphaea pubescens: Kumuda(산스), Kokaa(힌디), 구물두화

Nymphaea tetragona: Shui lian, 수련(睡蓮), 子午蓮(Taiwan)

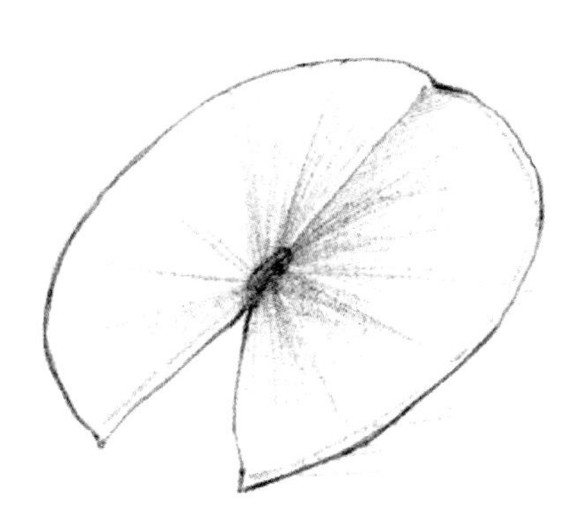

학명의 Nymphala는 그리스 · 로마 신화에 나오는 풀의 여신 님프(Nymph)가 수련에 깃들었다 하여 붙여진 이름이다. 또한 꽃이 낮에 피어 저녁에 오므려 들었다가 다음날 다시 핀다 하여 잠자는 연(蓮)이라는 뜻으로 수련이라 하였다.

숙근성 다년생 수초로 세계에 2아과(亞科) 8속에 약 100종이 분포하며 한국에는 5속 7종이 있다. 수련아과에는 수련, 개 연꽃, 왜개연, 가시연, 큰가시 연 등이 포함되며 뿌리줄기가 굵고 꽃이 대형이다. 순채아과에는 순채, 연꽃이 포함되어 있으며 꽃이 소형이다. 식용 또는 약용으로 활용되는 것이 있다.

고대 이집트에서는 옛날부터 수련을 신성하게 여겨왔다. 특히 하늘색 수련을 귀중하게 여겼는데, 꽃잎이 태양의 햇살처럼 퍼지고 아침에 피었다가 저녁에 오므라들며 토지와 생물에 생명을 주는 나일강에서 자라기 때문에 더욱 귀중한 것으로 생각하였다.

크기는 1m 정도이고 짧고 굵은 뿌리에서 많은 잎이 나와 수면까지 자라는데, 잎의 앞면은 녹색이고 뒷면은 자주색을 띠며 질이 두껍다. 꽃은 피었다 닫았다를 3일 동안 한다. 꽃받침은 긴 타원모양으로 4개이고 꽃잎은 8~15개, 수술은 40개이고 암술대는 거의 없으며 암술머리는 편평하게 된 공 모양이다. 열매는 달걀형 둥근모양이고 4개의 꽃받침으로 싸여 있고 육질의 종자가 있다. 잎은 난형의 원모양 또는 난형의 타원모양으로 밑 부분이 화살모양으로 깊게 갈라지고 가장자리가 밋밋하다.

한방에서도 수련이라 하며 개화기에 풀 전체를 채취하여 햇볕에 말리거나 그대로 사용한다. 더위를 씻어주고 진정작용이 있다. 민간요법으로는 꽃을 지혈제 · 강장제로 쓴다.

서양의학에서도 수련에 함유된 누파리딘(nupharidine)성분을 위장약으로 추출해 쓴다. 땅속줄기에 녹말을 함유하고 있어 일부 지방에서는 식용한다.

수련과 연꽃의 차이

연의 경우 수면위에 펼쳐진 뜬 잎과 수면위로 솟아올라 펼쳐진 선 잎이 함께 있으며 꽃이 수면보다 높이 솟아올라 피는 정수식물(挺水植物)로, 표면은 물이 스며들지 않게 하는 발수성이 있어서, 물이 묻지 않고 연잎위에 방울로 맺힌다.

수련은 잎이 모두 수면에 펼쳐진 뜬 잎의 부수식물(浮水植物)이라서, 수면 위로 잎이 높이 솟는 경우가 없이 꽃도 대부분 수면 높이에서 피고, 발수성이 없어서 잎의 표면에 물이 묻는다.

열대수련과 온대수련의 차이

수련 속에는 40종 내외의 기본종과 인공잡종 등 종류가 많으며 모두 수련으로 통한다.

열대수련은 추운 걸 싫어하고, 온대수련은 말 그대로 추위를 잘 견딘다는 점이 다르다. 두 종 모두 추운 조건에서는 휴면에 들어가지만, 온대수련의 뿌리는 얼음이 언 물속에서도 대개는 잘 살아있는 반면 열대수련은 얼음이 얼기 전에 괴경을 물속에서 꺼내 따뜻한 곳으로 옮겨야 겨울을 날 수 있다.

하지만 지역적으로 많은 변종들이 특정 기후에 적응한 다양한 범위의 내한성을 갖고 있어서 열대성과 온대수련의 생육분포를 뚜렷이 구분할 수는 없기 때문에 구분에 크게 구애받을 필요는 없다.

열대수련의 경우는 별 모양의 꽃에 향기가 짙다. 그리고 꽃이 수면 위로 높게 개화하기도 한다. 온대 수련은 꽃의 모양이 컵 모양이며 향기가 옅다.
잎은 열대 수련의 경우 가장자리가 톱니바퀴의 굴곡이 있는 반면 온대수련의 경우는 잎 가장자리가 비교적 매끈하다.

줄기의 경우에도, 열대 수련은 꽃과 줄기에 잔털이 있다. 뿌리는 열대수련의 경우 수직성장을 하는 반면 온대성은 수평성장을 하며, 열대종(야간 개화종)이 씨나 잎, 줄기로 번식하는 반면 온대수련은 씨나 줄기, 뿌리 번식을 하며 잎으로 번식하는 종류는 없다.

꽃의 색상에서도 열대수련이 빨간색, 분홍색, 흰색, 노란색, 보라색도 있는 반면, 온대성엔 보라색이 없다. 특히 온대 수련에는 야간에 개화하는 종이 없으며 5월에서 10월 사이 주기적으로 개화하는 반면 열대수련은 6월에서 10월 사이 개화하나 겨울에는 5도에서 10도 사이를 유지해줘야 하며 야외 월동은 불가능하다.

열대 수련은 야간 개화종과 주간 개화종이 있는데 주간개화 열대수련의 경우

꽃은 흰색, 분홍 계열, 노랑, 갈색, 블루, 자주색, 암녹색 계통의 화색을 가지고 있으며, 수면 위로 꽃이 올라와 피며, 대부분 별모양인데, 컵 모양의 꽃도 있다.
하나의 꽃부리에서 자라기 시작해서, 잎과 꽃은 중심부에서 방사상으로 곧게 돌려나고, 온대 수련에 비해 상대적으로 두께가 얇고, 잎 가장자리는 톱니, 물결 모양이거나, 녹색, 적갈색의 얼룩무늬 반점이 있다.

야간개화 열대수련은, 흰색, 분홍, 빨강색이 주류를 이루며 모두 수면 위로 뻗어서 개화한다. 주간 개화 열대수련과 같이 하나의 꽃부리에서 자라나고 분지가 잘된다. 야간 개화종은 톱니가 크고 주간 개화 수련보다 더 많은 엽맥이 있다. 잎 색은 녹색도 있지만, 대개 브론즈, 적갈색을 띤다.

(1) 온대성 종류

한국 자생종인 수련(*N. tetragona* var. *angusta*)은 북반구 근대에 널리 분포하며 비교적 소형으로 잎이 달걀 모양 원형 또는 달걀 모양 타원형으로 끝이 둥글다. 꽃받침 조각은 4개이고 긴 타원형이며 꽃이 필 때 십자 모양으로 편다. 오후 1시경에 개화하여 저녁에 오므렸다가 다음날 다시 피기를 며칠 동안 계속한다. 잎과 꽃받침조각이 작고 꽃의 지름도 약 1.5cm인 애기수련(*N. mininra*)은 장산곶에서 자란다.

미국수련(*N. odorata*)의 잎은 앞면이 녹색이고 뒷면이 자줏빛이다. 꽃은 흰색이고 향기가 있으며 오전에 꽃이 피어 3~4일간 계속 피고, 연노랑색과 연분홍색 꽃이 피는 것도 있다.
마그놀리아 수련(*N. tuberosa*)은 흰색 꽃이 피는 알바수련(*N. alba*)과 열대성의 멕시코수련의 인공교배에 의하여 육성한 꽃으로, 미국수련과 비슷하지만 향기가 없고 잎의 뒷면이 녹색이며, 오전 8시~오후 1시까지 붉은 꽃이 핀다.

(2) 열대성 종류

인도수련(*N. rubra*)은 잎이 붉은 갈색이고 털이 있으며, 꽃은 붉은색이고 저녁 8시~다음날 11시까지 4일간 계속 핀다.

이집트수련(*N. lotus*)은 잎에 톱니가 있으며 꽃은 흰색이고 향기가 있으며 저녁 7시~다음날 11시까지 4일간 계속 핀다.

멕시코수련(*N. mexicana*)은 잎이 달걀 모양이고 가장자리가 물결 모양으로, 꽃은 노란색이고 오전 11시~오후 4시까지 핀다.

케이프수련(*N. capensis*)은 희망봉이 원산지인데 잎은 달걀 모양이고 가장자리에 돌기가 있으며, 꽃은 하늘색이고 오전 7시~오후 4시까지 4일간 계속 핀다. 이의 변종인 아프리카수련(var. *zanzibariensis*)은 짙은 하늘색이며 오전 11시~저녁 무렵까지 5일간 계속 핀다.

인공교배종인 세인트루이스 골드(Saint Louis Gold)는 노란 꽃이 핀다.

수련과 불교

연화를 〈대일경소〉 제15에서 5가지 종류로 분류하는데, 발두마화(padma), 우발라화(utpala), 니로발라화(nilotpala), 구물두화(kumuda), 그리고 분다리가화(pundarika)가 그것이다.

대개 이 가운데서 발두마화(padma)를 연화로 번역하는데, 이를 홍연화라 하는데 적색과 백색의 두종류가 있다.

우발라화는 수련으로 적, 백색의 두종류가 있고, 니로발라화는 청연화라 하며, 구물두화는 지희화라 번역하는데 역시 적색과 백색이 있다고 한다.

이 중 우발라화는, 청련화(靑蓮華)로, 우리나라는 홍련(紅蓮)과 백련(白蓮)이 주종을 이루고 있지만 인도에는 청련(靑蓮)도 있다. 한역경전에서는 우발화(優鉢華), 우발라화(優鉢羅華) 등으로 번역하고 있다.

경전 속의 수련

불교 경전 속에서는 대개 연꽃과 수련을 혼용하여 사용하고 있다. 따라서 연꽃이라는 이름이 등장하는 경전과 발두마화(빠드마), 우발라화(웃뜨빨라), 니로발라화(니뜨로빨라), 분다리가화(뿐다리까), 구물두화(꾸무다)라는 이름으로 등장하는 경전 모두 연꽃과 수련이 혼용되어 있다고 보면 되는데, 다만 이들 중에서 꾸무다라 부르는 구물두화가 황련화로 번역되는 반면 사실상 백수련을 지칭하는 것이므로 구물두화가 등장하는 경전을 수련이 등장하는 경전으로 본다면 비화경과 화엄경, 대열반경속에서 찾을 수 있다.

1) 비화경(悲華經) 제2권 - 3. 대시품

그때 다섯 천왕이 각각 밤에 모든 천자와 천녀와 동남 · 동녀와 나머지 권속 백천억 나유타 무리들을 거느리고 앞뒤로 둘러싸여 부처님 처소에 와서는 부처님과 스님들께 머리를 조아려 절하고 부처님의 설법을 듣고 나서 다음날 맑은 아침에 허공으로 돌아가서 갖가지 하늘 꽃 · 우발라화 · 발두마화 · 구물두화 · 분타리화 · 수만나화 · 바시사화 · 아제목다가 · 점바가화 · 만다라화 · 마하만다라화를 대회에 뿌리어 비처럼 내렸고, 아울러서 하늘 음악을 울려서 공양하였느니라.

2) 대방광불화엄경 - 제28권 위덕주 태자와 길상동녀를 만나다

“선남자여 …담마다 가지가지 빛깔의 영상이 비치는 광명 보배 그물로 위를 덮었고, 그 보배 담마다 보배 해자가 둘리었는데 금모래가 바닥에 깔리고 향수가 가득히 찼으며, 우발라화, 발두마화, 구물두화, 분타리화가 물 위에 가득 피었고, 낱낱 강마다 보배 난간과 보배 그물들이 저절로 둔치를 장엄하고 낱낱 강 사이에는 보배 다라 나무가 일곱 겹으로 둘러 있고, 또한 저절로 무성한 보배로 장엄한 나무가 있어 영락과 의복과 화만과 보배 띠가 드리웠고, 순금 그물이 위에 덮였다.

3) 대열반경 - 제10권 18. 병을 나타냄

…모든 하늘과 용과 귀신과 건달바, 아수라, 긴나라, 마후라가, 나찰, 건타, 우미타, 아바마라와 사람이 아닌 듯한 이들이, 같은 목소리로 말하기를 “위 없는 세존께서 우리들을 많이 이익케 하신다” 하면서, 뛰놀고 기뻐하며, 노래하고 춤도 추고 몸을 움직이기도 하면서, 가지각색 꽃으로 부처님과 스님들에게 뭍으니, 하늘의 우발라화 · 구물두화 · 파두마화 · 분다리화 · 만다라화 · 마하만다라화 · 만수사화 · 마하 만수사화 · 산다나화 · 마하 산다나화 · 로지나화 · 마하로지나화…

차나무茶

학명: *Camellia sinensis*
과명: 차나무과(Theaceae)
영명: Tea, Tea Plant, Common Tea, Green Tea, Black Tea
이명: Chaa, Chaay, Chai(힌디), Chaya, Teyilai(Tea Leaf), Thayilai(타밀), Cha(타이), The(말레이), Cha(중국), Ichibi(일본)

차나무는 다년생 상록 관목으로 원산지는 중국의 쓰촨 성, 윈난 성, 구이저우 성으로부터 미얀마, 인도의 아삼 지방으로 이어지는 산악지대인 것으로 추정된다.

잎은 광피침형 또는 장타원형이며 표면은 광택이 있고 뒷면은 연한 녹색인데 긴 타원형에 둘레에 톱니가 있고 약간 두툼하며 윤기가 있고 질기다.

꽃은 백색이나 붉은 무늬가 있는 것도 있는데, 잎겨드랑이 또는 가지 끝에 1~3개가 달린다. 꽃받침 조각은 5개이고 둥글며 길이가 1~2cm이고, 꽃잎은 6~8 개로 넓은 달걀을 거꾸로 세운 모양이며 뒤로 젖혀진다.
수술은 황색인데, 그 숫자가 200여 개에 달하고, 암술은 1개로 암술대는 3개이며 흰색 털이 빽빽이 있고, 씨방은 상위이며 3실이다.

열매는 삭과이고 둥글며 모가 졌는데 다음 해 봄부터 자라기 시작하여 가을에 익기 때문에 꽃과 열매를 같은 시기에 볼 수 있다. 열매가 익으면 터져서 갈색의 단단한 종자가 나온다. 뿌리는 수직으로 하향 생장하며 가는 뿌리가 많은데 약산성토양에서 잘 자란다.
삼국유사에 따르면 가락국 김수로 왕의 왕비가 된 아유타국의 허황옥 공주가 종자를 가져와서 심었다고 하고, 삼국사기에는 828년(흥덕왕 3)에 대렴(大廉)이 당나라에서 종자를 들여와 지리산에 심었다고 한다.

현재는 경남의 하동군과 사천군, 전남의 장흥군, 영암군, 보성군, 구례군, 순천시 및 광주광역시 등이 주산지이며, 총생산량 중 일부 수출을 제외하고는 거의 전량 국내에서 소비된다.

차나무는 어느 정도 병충해에 강하지만 심한 해를 받을 경우 잎의 양이 적어지고 차의 품질도 저하된다. 찻잎은 카페인과 타닌, 질소, 단백질, 비타민 A와 C, 무기염류 등을 함유하고 있어 각성작용과 이뇨, 강심, 해독, 피로 회복 작용을 한다. 차나무의 종자는 화장품과 식용으로도 이용되며, 씨앗에서 짜낸 기름은 비료나 가축의 사료로도 쓰이고 비누의 대용으로도 쓴다.

차나무의 분류학적 구분

차나무를 분류학적으로 나누면 온대지방의 소엽종과 열대지방의 대엽종으로 나눈다. 그러나 그 중간형도 많아서 이후 식물학자들에 의해 중국대엽종, 중국소엽종, 인도종, 샨종으로 분류되었다.

1) 중국대엽종(中國大葉種)

중국의 호북성(湖北省), 사천성(四川省), 운남성(雲南省) 일대에서 재배되는데 잎의 길이가 13~15cm이고, 넓이가 5~6.5cm로 약간 둥글고 크며, 높이는 5~32m 정도까지 자란다.

2) 중국소엽종(中國小葉種)

중국 동남부와 한국, 일본, 대만 등지에서 많이 재배되는데 주로 녹차용으로 사용되며 나무 크기가 2~3m 내외로 관리하기가 편하고, 품종을 개량하여 대량 생산할 수 있는 좋은 수종이다. 잎이 작아서 4~5cm에 불과하며 단단하고 짙은 녹색이다. 수형을 고르게 잡을 수 있으며, 겨울철 추위에도 비교적 강한 편이다.

3) 인도종(印度種)

인도 아쌈, 매니푸, 카차르, 루차이 지방에서 주로 생육되는데 잎이 넓어서 길이가 22~30cm에 달하고, 고목성으로 높이가 10~20m나 된다.
잎은 얇고 부드러우며 색은 약간 짙은 녹색인데 잎 끝이 좁고 뾰족하다.

4) 샨종

샨 지방이라 불리는 라오스, 태국 북부, 미얀마 북부 지방에 분포하는 수종이다. 높이는 4~10m이고 잎은 15cm 내외의 옅은 녹색으로 잎의 끝이 비교적 뾰족한 중간 수종이다.

경전 속의 차나무

중국에서 시작된 차는 불교의 전파와 함께 주변국에 전해졌다. 차는 원래 인도나 중국에서도 불교와 깊이 관련되어 있었으며 불교 전래과정과도 일치한다. 즉, 인도에서는 차가 식품이면서 일찍부터 종교의식에서부터 제물로 많이 쓰였다. 곧 부처님께는 말할 것도 없고 죽은 영혼에게도 차를 공양했던 것이다.

한반도에서, 백제는 고대국가 중에서 가장 문화가 발달하였고 4세기에 불교를 수입하여 6세기에는 불교를 중흥시켰기 때문에 불교와 더불어 차 문화가 전해졌을 가능성이 있지만 기록에 전해오지는 않고 있다. 반면 신라가 차 문화를 인식한 것은 6세기쯤이었을 것으로 짐작되며, 찬란한 불교문화를 꽃피웠던 경덕왕 10년(751) 재상 김대성이 전생부모님을 위하여 창건한 토함산 석굴암의 중앙 본존 석가모니불 오른쪽 제석천 옆에 찻잔을 든 문수보살상이 있고 문수보살이 부처님께 차 공양을 올리는 모습이 그려져 있다.

일반 사찰에서도 객승이나 대중들에게 차를 대접하는 다당(茶堂)이라는 곳이 존재하고 참선회나 수련회를 전후한 행다(行茶)의 식을 통해 차를 대접하며 예를 갖추는 등 불교와 차는 매우 밀접한 관계라 할 수 있다.

1) 화엄경

광명스런 차(茶) 장엄하니 온갖 묘한 차(茶) 모두 모아서 十方의 여러 곳에 고루 나눠 모든 죽은 영혼에 공양하니…….

용화수龍華樹

학명: *Calophyllum inophyllum*
과명: 물레나물과(Hypericaceae)
영명: Oil-nut Tree, Beauty Leaf, Tamanu, Alexandrian Laurel, Borneo-Mahogany, Indian-Laurel, Laurel Wood, Kamani
이명: 뿜나가(산스크리트), Punnaga(인도), 호동(胡桐, punnag)

마치 용이 백 가지 보석을 뿜어내는 모습과 흡사한 나무 모양을 지닌 용화수는 높이가 18m 정도인 교목으로 짙은 녹색 잎이 무성한 아름다운 나무이다.

향기가 좋은 용화수는 인도에서 옛부터 매우 친근하게 여겨 왔던 나무로 바다 인근에서 잘 자라며 열매는 기름을 많이 함유하고 있어 물에 잘 뜨며 해류를 타고 먼 곳까지도 운반되기 때문에 분포 지역도 아프리카와 동남아시아, 일본 오키나와 등으로 넓다.

색깔이 고운 두툼한 잎을 가졌으며 5~6월경 4장의 갈라진 순백색의 꽃을 피운다. 열매는 녹황색의 공 모양으로 직경이 2cm 정도이며 열매에서 추출된 기름은 녹색으로 일종의 향기가 있으며 딜로 오일(dilo oil)이나 피나이 오일(pinnai oil)이라는 비누의 원료로 이용되고 있고 류머티스나 종기에도 약제로 활용되고 있다.

열대 아시아의 중요한 경제수종의 하나로 종자에서는 기름을 짜고 수피에서는 구충제를 추출하며, 방풍수나 정원수로 심기도 하고 목재는 가공이 쉬워 널리 이용한다. 일본 오키나와 섬에서는 이 과일을 꼬챙이로 찔러 러스크(rusk 이미 구워진 빵을 한 번 더 구워서 만드는 빵) 대용으로 먹었다.

용화수 오일

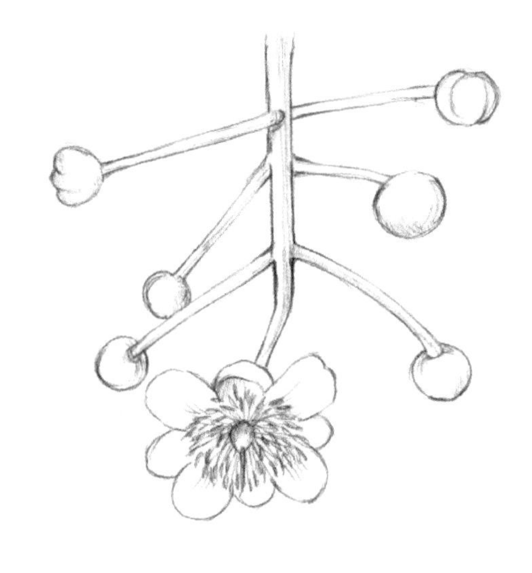

마다카스카르 섬에서 자라는 종자에서 생산된 치유력이 좋은 고급 오일을 특히 포라하오일(Foraha oil)이라고 하는데 오일은 과육과 씨앗에서 냉압착으로 추출되며 아주 진하고 점도가 높은 회녹색으로 특유의 향이 아주 강하다.

오일은 Calophyllic acid라는 독특한 지방산과 Calophyllolide라는 비스테로이드 성분의 쿠마린 성분을 소량 포함하고 있는데, 오일의 탁월한 치유력은 이들 성분에서 기인한다.

오일은 진통 효과가 있어 좌골신경통, 류마티즘, 신경염 등에 좋으며, 상처를 아물게 하는 효과가 탁월하여 각종 상처와 피부 트러블, 화상치료에 이용되며 부작용이 없어 원액을 직접 발라도 되고, 크림이나 로션, 연고 등의 재료로도 아주 좋다. 걸쭉하고 색이 진하며 냄새가 강하지만 놀랄만큼 피부에 빨리 완벽하게 흡수되는 오일이고 바르고 나면 피부가 부드러우며 유분감이 없다.

경전 속의 용화수

미래불인 미륵보살이 용화세계에서 중생을 교화하는 것을 상징하는 법당을 미륵전 혹은 용화전이라 한다. 미륵불에 의해 정화되고 펼쳐지는 새로운 불국토

용화세계를 상징한다고 하여 용화전(龍華殿)이라고도 하고, 자씨전(慈氏殿)·대자보전(大慈寶殿)이라도 한다. 우리나라에서는 미륵불을 모시는 경우가 많은데 이는 미륵불이 세상에 내려와 중생을 구원해 주기를 바라는 내세 신앙이 발달하였기 때문이다. 협시불로는 법화림 보살과 대묘상 보살 혹은 묘향 보살과 법륜 보살을 세운다. 후불탱화로는 흔히 용화수 아래에서 설법하는 용화회상도(龍華會上圖)나, 용화세계와 도솔천의 광경을 묘사한 미륵탱화를 모신다.

『미륵하생경』(미륵신앙과 관련된 대표적인 경전은 모두 여섯 종류로, 이 가운데 『불설관미륵보살상생도솔천경』(미륵상생경), 『불설미륵하생경』(미륵하생경), 『불설미륵대성불경』(미륵대성불경)을 일컬어 미륵 삼부경이라 한다.)에 따르면 미륵은 미래에 석가모니 부처님의 지위를 계승한다고 하는 보살로서, 원래 남인도 바라문의 아들이었으나 석존의 제자가 되고 그 후 석존보다 먼저 입멸하여 하늘의 세계인 도솔천에 태어나 현재는 미륵의 정토인 도솔의 내원에서 천인들을 위해 법을 설하고 계신다고 한다. 인간의 수명이 팔만 세, 석가모니 부처님이 입멸한 뒤로 56억 7천만 년일 때 다시 이 땅에 하생하여 용화수 아래에서 세 번에 걸쳐 법을 설하시어 석존의 설법 시에 누락된 중생들을 제도한다고 한다. 이 법회를 '용화삼회'라고 하며, 용화수 아래에서 성불하기 이전까지는 미륵보살, 성불한 이후는 미륵불이라 하는데 용화회(龍華會)란 미래의 세계(世界)에 용화수 밑에서 미륵(彌勒)이 설법(說法)하기 위하여 갖는 모임을 말한다.

갓/겨자/개자芥子

학명: *Brassica juncea*
과명: 십자화과(Brassicaceae)
영명: Mustard, Mustard greens, Leaf Mustard, Indian Mustard, Rai, Brown Mustard
이명: 촉개(蜀芥), 랄채자(辣菜子), 백개자(白芥子), 황개자(黃芥子), 호개자(胡芥子), Sarsapa(산스크리트)

무와 배추, 갓, 양배추와 함께 2년초 또는 1년초로 주로 밭에서 재배한다. 뿌리잎은 깃 모양으로 갈라졌고 톱니가 있으나 줄기잎은 거의 톱니가 없다. 높이는 1~2m이며 봄에 십자 모양의 노란 꽃이 핀다. 열매는 원기둥 모양의 꼬투리로 짧은 자루로 되어 있고 그 안에 갈색을 띤 노란색의 씨가 들어 있다. 원산지는 중앙아시아로 추측되며 지금은 각처에서 널리 재배되어 많은 품종이 육성되었다.

갓의 씨를 겨자 혹은 개자(芥子)라고 하며 씨는 가루로 만들어 향신료로 쓰기도 하고 물에 개어 샐러드의 조미료로도 쓴다. 겨자가루를 개어서 류머티즘, 신경통, 폐렴 등에 사용하면 효과가 있다.

종자를 가루로 만들어서 물을 부어 놓아두면 효소에 의해 가수분해 되어 1% 정도의 휘발성 겨자기름이 분리되면서, 특유한 향기와 매운맛이 생기는데 이것을 겨자라고 한다.

겨자는 중요한 향신료일 뿐만 아니라, 고대 그리스나 로마시대 때부터 씨를 이용하는 약초로도 널리 알려졌다. 어린잎은 괴혈병 치료제로 알려져 있고, 기억력 향상, 권태감 해소, 기력 회복에 효과가 있다.

고대 그리스에서는 씨에 꿀이나 기름을 섞어서 피임약으로 썼다고 하며, 반대로 최음제로 쓴 적도 있다고 한다. 겨자씨를 증류하여 얻은 기름을 동상, 좌골신경통, 중풍, 관절염, 호흡기 계통의 치료제로 쓰며 씨를 다린 물은 해독의 작용이 있어 버섯의 중독이나 짐승에게 물린 독을 해독하는 데 쓰인다.

민간요법으로는 소화촉진제로서 매운 겨자가루를 따뜻한 물로 반죽하여 종이에 펴서 배에 붙이고 10~15분간 두었다가 떼고 그 자리를 뜨거운 물에 수건을 짜서 찜질하기도 하며, 흑겨자의 씨를 끓는 물에 달여 마시면 소화촉진제로 이용하기도 한다.

한편, 겨자는 1차 세계대전 당시 독일군에 의해 '겨자 가스'(mustard gas)로 이용되기도 했는데, 이는 강렬한 자극성과 발포성을 가진 독가스였다.

영명의 Mustard는 로마인들이 이 씨를 잘게 빻아서 새 포도주의 조향제로 사용한데서 비롯된 것으로서 라틴어의 mustum(must: 포도즙)+ardens(burning: 강렬한 매운맛)의 합성어이다.

예기(禮記)에 의하면 중국에는 기원전 1200년경에 이미 널리 재배되었고, 그때 이미 중요한 작물로서 김치를 담그는 향신료로 쓰였다고 한다.

우리나라에는 중국을 통해서 들어왔는데, 고추가 도입되기 전까지 생강, 마늘, 산초와 함께 중요한 향신료였다. 겨자에는 흑 겨자와 백 겨자가 있는데, 흑겨자가 더 자극성이 강하다.

경전 속의 겨자

불교경전에서는 겨자는 삼라만상의 총체로 극대물인 수미산과 대치되는 의미로서 극히 작은 물질에 비유된다. 인도적 문맥에서도 꽤 오랜 전부터 빈번하게 '극히 작은 것'에 비유되었다. 불교경전 속에서는 겨자 알갱이가 작다는 것을 강조하여 아주 긴 시간의 단위인 '겁'을 붙여 '개자 겁'이라는 말을 빈번히 사용하고 있는데, 이는 무한소의 양과 무한대의 시간을 나타내는 말이 복합된 역설적인 표현 방법이다. 불교 경전뿐 아니라 성경에도 겨자가 등장하며, 기독교인의 관념 속에서도 겨자씨는 아주 작다(잘다)는 개념을 갖고 있다.

영어로 'mustard seed'(겨자씨)라 하면, '큰 발전의 가능성을 간직한 작은 일'이라는 뜻으로 비유되기도 한다.

1) 능엄경 – 네 가지(중계), 도둑질

이로 말미암아서 한량없는 중생을 의혹되게 하였으므로 목숨이 끝날 때는 모두 무간지옥에 떨어지게 되리라. 너희들은 마땅히 알아야 한다. 한 오리의 털과 한 개의 겨자 알이라도 모두가 중한 과보가 있나니 차라리 손을 끊을지언정 자기 재물이 아닌 것은 취하지 말고 항상 청렴한 마음을 갖고서 선근을 키워야 하나리라.

2) 법화경 – 제4권 제바달다품. 2장. 용녀가 불도를 이루다

지적 보살이 말하였다. '내가 보니 석가모니 부처님께서는 한량없는 겁 동안에 어렵고 고통스러운 수행을 하시고 많은 공덕을 쌓아 깨달음의 도를 구하실 적에 일찍이 잠깐도 쉬는 일이 없으신지라, 삼천대천세계를 볼 때 아무리 작은 겨자씨만 한 땅이라도 이 보살이 몸과 목숨을 바치지 아니한 곳이 없으니 이것은 다 중생을 위한 때문이라~

3) 잡아함경

~비구여 설명할 수 있다. 비유하자면 쇠로 된 성의 사방이 1유순(由旬, 약 15km)이고, 위, 아래 또한 그렇다고 하자. 그리고 그 안에 개자를 가득 채우고 나서 사람이 개자를 백년마다 한 알 씩 집어낸다. 그래서 그 개자가 다 없어진다 해도, 겁의 시간이 끝나는 것은 아니다. 비구여, 이와 같다. 그 겁이란 이처럼 길고 오랜 세월인 것이다.

4) 유마경

사리푸트라여, 모든 불보살에게는 불가사란 이름의 해탈이 있다. 만일 보살이 해탈에 이르면 수미산과 같이 크고 넓은 것을 겨자 속에 넣어도 그것에 의해 늘고 줄어듦이 없다. 수미산의 모습은 원래대로 있고 사천왕이나 33천의 신들은 자신들이 어디에 들어 있는지를 생각하지 못하고 알지도 못한다. 다만, 부처님의 가르침에 따르는 사람만이 수미산이 겨자 속에 들어가는 이치를 깨닫는 것이다. 이것을 불가사의의 해탈법문이라고 이름한다.

5) 대반열반경

부처님이 이 세상을 떠나신 후 그와 같은 스승은 매우 뵙기 어렵게 되었다. 눈 먼 거북이는 무슨 인연으로 물 위에 떠올라 나무 구멍을 만났으며, 개자를 떨어뜨려 어찌 아래에 있는 바늘 끝에 꽂을 수 있겠는가? 어렵고도 어렵구나.

6) 숫타니파타 – 3. 큰 장. 젊은이 바셋타

625. 연꽃 위의 이슬처럼, 송곳 끝의 개자씨처럼, 온갖 욕정에 더럽혀지지 않은 사람, 그를 나는 바라문이라 부른다. 송곳 끝의 개자처럼, 모든 악에 더럽혀지지 않은 사람, 그를 우리는 브라만이라 부른다.

아카시아/거타라/아선약수阿仙藥樹

학명: *Acacia catechu*
과명: 콩과(Leguminosae)
영명: Dark Catechu, Cutch Tree, Whitethorn
이명: 아선약수(阿仙藥樹), Khadira, Kushtari, Rakthasaram(산스크리트), Khair(힌디), Karingali(말레이), 해아다(咳兒茶)

상록수이며 오스트레일리아를 중심으로 열대와 온대 지역에 약 500종이 분포한다. 인도와 미얀마에서 자라는 아선약수(阿仙藥樹)의 심재(心材)에서는 카테큐(catechu)를 추출하여 지사제와 염료, 수렴제 및 타닌재로 이용하고, 이것을 약으로 쓸 때는 아선약이라고 한다.

잎이 매우 작으며, 잎자루가 편평하여 잎처럼 된 것도 있다. 턱잎은 가시 모양이며 꽃은 황색 또는 흰색이고 두상꽃차례 또는 수상꽃차례를 이루며 달리고 양성화 또는 잡성화이다. 꽃잎은 5개이고, 수술은 10개이며, 암술은 1개이다. 열매는 편평하고 잘록하거나 원통 모양이다.

조선시대 이전부터 이들 국가에서 수입하여 약재로 사용한 아선약(阿仙藥)은 만성설사와 이질에 이용하고, 카테친, 탄닌 성분이 있어서 수렴약으로 입안의 청량제로 사용하는데 우리나라에서도 과거부터 유명했던 소화제 성분 중에도 아선약이 들어 있음을 알 수 있다.

또한 아선약은 염색제로 사용되기도 하는데 염색에서는 갈색을 얻을 수 있다. 아선약수는 목재가 단단하고 무거우며 매우 내구성이 큰 목재로 가공은 다소 어려우나 도색과 건조가 쉽고 광택을 내기 좋으며 벌레에도 잘 견딘다.

흔히 아카시아 나무라고 부르는 아까시나무

콩과의 낙엽교목으로 우리나라에서 가장 많이 꿀을 따는 식물이 아까시나무(*Robinia pseudoacacia*)이다. 북아메리카에서 사방용으로 들어와 심은 나무로, 지금은 산과 들에서 자라며 보통 높이가 약 25m까지 자란다.

나무껍질은 노란빛을 띤 갈색이고 세로로 갈라지며 턱잎이 변한 가시가 있다. 잎은 어긋나고 홀수1회 깃꼴겹잎이다. 작은 잎은 9~19개이며 타원형이거나 달걀 모양이고 길이 2.5~4.5cm이다. 양면에 털이 없고 가장자리가 밋밋하다.

꽃은 5~6월에 흰색으로 피는데, 어린 가지의 잎겨드랑이에 총상꽃차례를 이루며 늘어진다. 꽃은 길이 15~20mm이며 향기가 강하다. 꽃받침은 5갈래로 갈라진다. 열매는 협과로서 납작한 줄 모양이며 9월에 익고 5~10개의 종자가 들어 있는데, 길이는 약 5mm로 검은빛을 띤 갈색이다.

번식은 꺾꽂이와 포기나누기, 종자로 하며 관상용이나 사방조림용으로 심으며 약용으로도 쓴다. 가시가 없는 것을 민둥아까시나무(var. *umbraculifera*), 꽃이 분홍색이며 가지에 바늘 같은 가시가 빽빽이 나는 것을 꽃아까시나무(*R. hispida*)라고 한다.

경전 속의 거타라

1) 대보적경 28권

선남자야, 거타라(佢陀羅) 가시가 여래의 발에 찔렸다함은 어떤 일인가? 선남자야, 여래가 업의 과보를 나타내어 보여 미래세로 하여금, '여래는 한량없는 공덕을 성취하셨는데도 업보가 있었거늘 하물며 우리와 같은 그 밖의 사람들이겠는가?'라고 생각하도록 하여 이런 인연으로 그들로 하여금 나쁜 업을 쉬게 하기 위함이었느니라. 저 어리석은 사람들은 이것을 사실로 알고, 거타라(佢陀羅) 가시가 여래의 발을 찔렀다 하느니라.

2) 잡보장경 10권

어떤 석씨는 말하였다. "내 생각 같아서는 불구덩이를 만들고, 저 모자를 그 속에 던져 조금도 남는 것이 없게 하였으면 합니다." 여러 사람도 모두 그것이 가장 좋다고 하고, 곧 불구덩이를 파고 그 안에 거타라 나무를 쌓아 불을 붙이고는 야수타라를 끌고 그 곁으로 갔다. 야수타라는 그 불구덩이를 보고서야…

3) 대열반경 - 여래성품 제4

해탈은 단단한 열매와 같다. 카디라나 전단이나 침향 등의 나무가 단단한 성질을 가지고 있는 것과 마찬가지로 해탈의 성질도 단하다.

4) 관허공장보살경(觀虛空藏菩薩經)

한때 부처님께서 거타라산(佉陁羅山)에 머무셨는데, 그곳은 정각선인(正覺仙人)이 머물던 근처였다. 1,250비구와 현겁(賢劫)의 천 보살과 함께 계셨는데, 그 중에 미륵이 으뜸이 되었다. 이때 장로 우바리(優波離)가 앉은 자리에서 일어나 옷매무새를 가다듬고 부처님께 예를 올리고 아뢰었다.

5) 법구경 – 게송 98 레와따 테라 이야기

사마네라 레와따는 빅쿠들로부터 좌선 수행에 관한 법문을 듣고 수행 방법을 배운 다음 혼자 30요자나 떨어진 카디라(아카시아) 숲 속으로 들어갔다. 거기서 그는 우기 안거가 끝나기 전에 아라한이 되었다. 이때 사리뿟따 테라가 부처님께 자기의 동생인 사마네라 레와따를 찾아가 보겠노라고 말씀드렸다. 그러자 부처님께서도 함께 가시겠다고 하시었다. 그리하여 부처님께서는 사리뿟따 테라와 시왈리 테라 등 오백 명의 빅쿠들을 거느리시고 사마네라 레와따를 만나시기 위해 여행을 떠나시었다.

난초나무/자주소심화/구비타라拘毘陀羅

학명: *Bauhinia purpurea*
과명: 콩과(Leguminosae)
영명: Orchid Tree, Butterfly Tree, Mountain Ebony, Geranium Tree, Purple Bauhinia
이명: Kanchan(산스크리트), Khairwal(인디), Khairwal(힌디), 나비나무

난초나무는 낙엽성교목으로 열대와 아열대 지방에 200여 종이 있으며 관상용으로 온실에서 재배되는 것도 있다. 환경이 습윤하고 따뜻하면 낙엽이 지지 않는다. 원산지는 중국남부, 미얀마, 태국, 네팔, 파키스탄, 인도와 스리랑카로, 키는 17m 정도이다. 속명인 Bauhinia는 16~17세기의 스위스 식물학자인 Jan Bauhin과 Caspar Bauhin 형제의 이름을 따서 지어진 이름이다.

타이완산 국화목(菊花木, *B. championi*)이나 인도와 미얀마, 중국 화남지방에서 자라는 자줏빛 소심화(orchid tree. *B. purpurea*) 등이 있다. 꽃이 자줏빛을 띤 붉은색의 난 꽃과 비슷하기 때문에 소심화라 부른다.

잎은 홑잎으로서 2개로 갈라지거나 2개의 작은 잎이 있고 길이는 10~20cm 정도이며, 향기가 나는 꽃의 색은 보라색, 연보라색, 분홍색이다. 꽃은 총상꽃차례에 달리며 흰색, 연한 녹색 빛을 띤 노란색, 자줏빛을 띤 홍색 등이다. 열매는 갈색으로 익으며, 길이는 30cm 정도이다. 나무의 껍질은 지혈제나 수렴제로도 쓰이고, 천식과 궤양 약으로도 쓰이며 탄닌을 함유하고 있어 염색이나 가죽 손질에도 이용된다.

인도의 농촌 사람들 특히 바하르에서 뱅갈에 걸쳐 사는 산타르족 사람들은 난초나무의 꽃이나 어린잎을 골라서 카레요리의 재료로 쓴다. 꽃 봉우리나 꼬투리

는 피클 요리로도 사용하는데 무공해 야채로 인정받고 있으나 뿌리는 독이 있어 적은 양에도 정신을 잃는다.

난초나무의 목재는 적갈색의 반점이 있어 잘 다듬으면 곱고 아름답게 때문에 영어로 마운틴 애보니(mountain ebony, 산흑단, 山黑檀)이라고도 부르기도 한다. 구비타라를 흑단의 일종으로 보는 것이 바로 이 영명에서 비롯된 것으로 여겨지지만 진짜 흑단(감나무과, *Diospyros ebenum*)과는 전혀 연관성이 없는 식물이다.

인도에는 이와 비슷한 식물들이 많으며 바우히니아 푸푸레아 외에도 바우히니아 아쿠미나타, 바우히니아 토멘토사, 바우히니아 라체모사 등 다양한 형태의 동일 속 식물들이 있으나 잎은 모두 좌우 대칭인 바우히니아 속만의 특징을 가지고 있다.

경전 속의 구비타라

1) 법화경 – 제19장 법사공덕품(法師功德品)

이 경을 지니는 이는 여기 있으면서도 천상에 있는 모든 향기도 맡느니라. 파리질다 나무 향기, 구비타라나무 향기, 만다라꽃 향기, 마하만다라꽃 향기, 만수사꽃 향기, 마하 만수사꽃 향기 전단과 침수의 여러 가지 가루향, 여러 가지 꽃 향기, 이러

한 하늘 향의 화합한 향기를 맡고 알지 못함이 없느니라.

2) 기세인본경(起世因本經) 제6권 – 6. 아수라품

“비구들이여, 그 아수라의 칠두(七頭) 집회처에는 두 갈래의 길이 있는데, 그 왕이 유희하러 오고 가는 통로이다. 그 비마질다라(鞞摩質多囉) 아수라왕(阿修囉王)의 처소인 궁전에도 두 갈래의 길이 있는데, 역시 앞에서와 같다.

여러 소아수라왕들이 거처하는 궁전에도 역시 두 갈래의 길이고, 여러 소아수라왕들이 머무는 처소에도 역시 두 갈래의 길이며, 그 사라원림(娑羅園林)에도 역시 두 갈래의 길이고, 사마리원림(奢摩梨園林)에도 역시 두 갈래 길이며, 구비타라원림에도 역시 두 갈래 길이고…

3) 잡아함경 19권 – 506제석경

이와 같이 내가 들었다. 어느 때 부처님께서는 삼십삼천의 푸르고 보드라운 돌 위에 계시었는데 거기는 파아리차타알라 나무와 구비타라 향나무에서 멀지 않았다.

4) 불본행집경 – 제49권

꽃나무가 그 숲에 가득 자라 있었는데 그 꽃나무의 이름은 이른바…구비타라(拘毘陀羅) 꽃나무 · 단노사가리가 꽃나무 · 목진린타 꽃나무 · 소마나 꽃나무 등이었다. 그 나무들 중에 어떤 것은 움이 나오는 것, 어떤 것은 이미 움이 튼 것, 어떤 것은 잎이 피려는 것, 어떤 것은 꽃이 활짝 피어난 것, 또 어떤 것은 꽃이 피었다가 시들어 떨어진 것 등의 온갖 향기로운 꽃나무들이 있었다.

5) 숫타니파타 제1장

무소의 뿔- 낙엽이 진 구비타라 나무처럼 재가자의 표시를 없애버리고 재가의 속박을 끊은 건장한 사람은 다만 홀로 가라.

앵무새나무/바라/화몰약수花沒藥樹

학명: *Butea monosperma*
과명: 콩과(Leguminosae)
영명: Bastard Teak, Bastard-Teak, Bengal Kino, Flame of the Forest, Parrot Tree
이명: Palas, Palash(힌디), Palas, Palash(인디), Palas(산스크리트), Parasu(타밀) Nourouc, phak

비교적 건조한 평원 들판에서 많이 자라는 소고목으로서 높이는 6~12m 정도이다. 잎이 떨어진 가지에 불타는 듯한 주황색의 조밀하게 붙은 꽃 모양이 먼 곳에서 보면 마치 불꽃과 같다고 해서 숲의 불꽃(Flame of forest) 이라는 영명으로 불리기도 한다.

꽃받침은 흑갈색의 빌로드 같은 가는 털에 덮여 있으며 그곳에서 나온 네 장의 꽃잎 중에 가장 밑에 있는 꽃잎이 뒤로 젖혀져 앵무새의 부리처럼 보이기 때문에 앵무새 나무(Parrot tree)라고도 한다.

잎은 부드러운 털로 덮였으며 껍질은 두툼한 강낭콩의 잎 모양과 같은 삼출엽이다. 네 장의 잎 중 가장 밑의 잎을 제외한 세 장의 작은 잎은 힌두의 3신(비쉬누, 브라만, 시바)으로 비유되어 존귀하게 인식되고 있다.

또한 진언경전에는 호마의식(胡麻)에 쓰이는 여러 나무 중의 하나로 기록되어 있다. 또한 락충(Lac)의 가장 중요한 숙주인 나무로 이 Lac 충이 나무 가지에 끈적끈적한 액을 분비하면서 거기에다 작은 포자의 알을 낳을 때 나뭇가지와 함께 잘라 적색계 염료로 사용한다.

Lac충은 아시아에서 자라는 연지벌레로 아메리카 대륙의 코치닐(cochineal), 유럽의 커미즈(kermes)와 함께 3대 곤충염료 중 하나이다. 또한 락 수지는 오래 전부터 페인트의 원료로 사용되었다.

경전 속의 바라

구마(驅魔)는 악령을 쫓는 퇴마라는 말과 동의어로 구마 의식은 가톨릭뿐만 아니라 개신교에서도 행해지고 있었고 대부분의 종교가 악령을 쫓는 의식을 갖추고 있었다.

불교에서는 구마(驅魔)를 호마(護摩)라는 말로 표현하며 부처님께 공양을 올리고 가피를 구하는 밀교의 매우 중요한 의식 중 하나로 여겼다. 밀교 호마 의식의 주요 대상은 인간으로, 인간의 지혜(반야)가 부족하여 내적(번뇌)이 일어나고 외적의 침략이 있다고 인식한다. 밀교에서의 호마는 내호마와 외호마가 있는데, 내호마는 중생의 번뇌를 태우고 해탈과 정각을 위한 의식이고, 외호마는 병을 고치거나 가정의 평안과 국난을 타개하기 위한 의식으로 인식하였던 것으로 보아 구마와 호마, 의식이 단순히 기복적인 종교 의식으로만 인식되어지는 것은 무리이며, 단지 두 종교 모두 인간의 육체를, 영혼과 마음이 담긴 성전과 같은 곳이라고 인식했다는 점에 주목해야 하겠다.

이 앵무새나무(바라)가 등장하는 『과거현재 인과경』에서는 부처님 전기 중에 보살인 부처님이 도솔천에서 내려와 염부제에 태어난 것을 안 여러 신들이 매우 슬퍼한 나머지 몸에서 바라사 꽃과 같은 피를 흘렸다는 대목이 있다.

말콩/끄랏다黃花扁豆

학명: *Macrotyloma uniflorum / Dolichos biflorus*
과명: 콩과(Leguminosae)
영명: Horse Gram, Horsegram, Madras Gram
이명: Kulaththa(산스크리트), Kulthi(인디), Kulthi(힌디)

인도가 원산이며 열대지방에서 자라는 큰 덩굴식물로, 미성숙의 씨를 아시아에서 흔히 식품으로 쓰고 있으며 남인도에서 재배가 활발하며 식용뿐 아니라 가축의 사료로서도 사용되는 등 쓰임새가 많다.

마른 씨는 크고 어두운 색으로 검은 색을 띄며 둥근 것에서 납작한 것, 길쭉한 것까지 다양한 모양이 있다.

불교 경전 속의 콩

원칙적으로 동물성 단백질이 금지되어 있는 불가에서는 콩은 중요한 단백질 공급원이다. 불교 경전 속에서도『미린다왕문경』에는 바라까, 묵가, 마사, 꾸랏따야(말콩) 등 네 종류 콩이 나오고,『숫타니파타』에도 짜나까(병아리콩)가 수록되어 있다. 또,『입능가경』속에는 무드가, 마사, 마수라(렌즈콩)이 나와 있는 등 여러 경전 속에서 수많은 종류의 콩들이 등장해 수행자나 불자들과 여러 종류의 콩들이 매우 밀접한 관계에 있음을 알 수 있다.

병아리콩/짜나가回回豆

학명: *Cicer arietinum*
과명: 콩과(Leguminosae)
영명: Chick pea
이명: gram, garbanzo, 짜나까, 찌나까, 병아리콩, 이집트 콩

1년생 식물로 영양분이 풍부한 씨를 얻기 위해 널리 재배되고 있는데 덩굴로 자라며 키는 60㎝ 정도이고 잎은 깃털 모양으로 갈라졌으며 흰색 또는 붉은빛이 도는 작은 꽃이 핀다. 노란빛이 도는 갈색의 콩은 꼬투리에서 1~2개씩 달린다. 인도, 아프리카, 중앙아메리카, 남아메리카 등에서 중요한 식용작물로 심고 있다.

모양이 병아리 머리와 같아 병아리콩이라 명명되었는데, 이 콩은 삶거나 볶거나 가루로 빻아 먹고, 파란 것을 날로 먹기도 한다. 콩 종류 중에서는 이 병아리콩이 가장 콜레스테롤을 저하시키는 기능이 크다고 하는데, 잎, 줄기, 꼬투리는 malic acid, oxalic acid를 분비해 신맛을 낸다.

산지에서는 수프, 카레로 사용되며, 나물, 가루, 볶은 콩, 삶은 콩, 발효식품 원료로 사용되며 미숙종자와 어린잎은 야채로도 이용된다. 종자는 건조 상태나 통조림으로 판매된다.

인도에서는 밤에 얇은 직물인 모슬린을 식물 위에 덮어 두었다가 아침에 이 천을 짜서 이들 유기산을 병에 받는다. 이것을 최음제로도 사용하고, 기관지염, 콜레라, 변비, 설사, 소화불량, 복부팽만, 일사병 등의 치료에 사용한다.

미국에서도 주 용도는 수프와 야채 요리로 사용되며 발아시켜 콩나물로도 이

용된다. 어린 싹이나 미숙 꼬투리는 시금치처럼 이용할 수 있다. 또한 동물 사료로도 사용하고 풀로 만들어 사용할 수도 있으며 잎의 추출물은 여러 가지 유기산이 있어 의약품이나 식초로도 응용이 가능하다.

칠레에서는 병아리콩과 우유를 4:1로 혼합하여 설사에 걸린 어린이를 치료하기도 한다.

움무스(hummus)는 병아리콩을 곱게 갈아 레몬주스, 올리브유, 참기름을 넣어 걸쭉하게 만든 것인데, 중동지방에서는 이를 빵에 소스로 끼얹거나 찍어 먹는다.

이스라엘에서는 걸쭉하게 요리한 병아리콩을 납작하고 작은 케이크로 만든 다음 튀겨서 펠라펠(felafel)이라는 스낵을 만들어 먹는다.

남부 유럽등지에서는 흔히 수프와 샐러드, 스튜에 넣어 먹는다. 병아리콩은 지방 함유가 낮고 요구르트나 우유만큼이나 칼슘 함량이 높으며 섬유질 또한 높아 인슐린에 예민하거나 당뇨병이 있는 사람들에게 유효하다.

렌즈콩/마수라金麥豌

학명: *Lens esculenta*
과명: 콩과(Leguminosae)
영명: lentil
이명: masura(산스크리트)

렌즈콩은 카메라, 안경에 사용되는 렌즈의 어원이기도 한 콩이다. 이 콩은 볼록렌즈와 같은 형태를 하고 있어, 유리를 이 렌즈콩 형태로 제작된 것으로부터 렌즈라고 불리게 되었다고 한다. 보통 키가 15~45㎝에 이르고, 위로 뻗는 긴 가지가 많이 나 있으며 식물체의 크기, 털의 유무, 잎과 꽃, 씨의 색깔에 따라서 여러 재배 품종으로 나뉜다.

잎은 마주나며, 길이가 약 15㎜인 잔잎이 6장씩 달리는데 잔잎은 길게 늘어진 선형(線形)으로 끝에는 가시가 달려 있다. 꽃은 연한 푸른색이고 6~7월 초에 잎겨드랑이에서 2~4송이씩 핀다.

꼬투리는 넓고 긴 타원형이며 약간 납작하고, 양면이 볼록한 렌즈 모양의 씨가 2개 들어 있는데 색깔은 노란색 또는 회색에서 암갈색까지 다양하고, 때때로 반점이나 얼룩이 있다.

우리나라 쥐눈이콩보다 작고 녹두와 비슷하게 생긴 콩으로 인도에서는 '달(dal)'이라고 한다. 프랑스, 이탈리아, 독일 등 유럽인들도 푹 끓여서 스튜를 해 먹거나 삶은 렌즈콩을 야채와 함께 섞어 샐러드로 즐겨 먹는다.

렌즈콩은 단백질이 풍부하여 고대 이집트와, 그리스 시대 등 아주 오래 전부터 식량으로 재배되었다고 하며, 현재도 유럽과 아시아, 북아프리카에서 널리 심고 있는데, 씨는 주로 수프를 만드는 데 이용되고, 식물체는 사료용으로 쓰인다.

단백질, 비타민 B, 철, 인의 좋은 공급원으로 중동, 북아메리카, 지중해 연안의 유럽, 북쪽으로는 독일, 네덜란드, 프랑스 등에서 여러 변종(變種)을 심고 있다. 이집트나 시리아 등에서는 바싹 말린 씨를 상점에서 팔고 있으며, 장거리 여행에 갖고 다니기 좋은 식량으로 여겨지고 있다.

이 렌즈콩은 세계 5대 건강식품중 하나로 꼽히기도 하는데, 다섯 가지 건강상품을 살펴보면, 다음과 같다.

첫번째, 인도의 렌즈콩으로 인도에서는 매일 빵이나 밥과 함께 렌즈콩을 먹는데, 단백실과 콜레스테롤 수치를 낮추는 섬유질이 풍부하다. 또 아연 함량이 다른 꼬투리 콩보다 두 배 정도 많을 뿐만 아니라, 임산부에게 좋은 비타민 B군과 태아의 기형을 막아주는 엽산도 풍부하다. 심장병, 암, 노화 방지에 도움을 주는 항산화제 역할을 한다.

두 번째는 스페인 올리브유인데, 올리브유는 신진대사를 활발히 해주고, 항산화물질과 심장을 보호하는 물질이 풍부하며, 노화방지에 효과적이다. 또한, 올리브유는 심장마비, 뇌출혈, 유방암에도 효과적이며, 알츠하이머병과 통증 완화에도 도움을 주는 식품이다.

세 번째는 그리스의 요구르트로 수천 년간 그리스인들의 건강을 지켜온 요구르트는 진한 크림 형태로 양과 염소의 젖을 섞어 발효시킨 것이다. 면역 체계와 뼈조직을 강화하고 혈압을 낮추는 효과가 있으며, 항암 효과와 체중 감량 효과가 있다. 또 식중독을 예방하고 비타민 B2가 다량 함유되어 있어 단백질이 제 기능을 할 수 있도록 돕는다. 특히 그리스식 요구르트는 살균 공정을 거친 우유에 세균을 배양해 자연스럽게 박테리아를 죽인 것으로, 첨가물이 들어가지 않아 더욱 순수한 식품이다.

네 번째는 우리나라의 김치로, 김치는 핵심 비타민과 섬유질이 풍부한 저지방 다이어트 음식으로 지방을 연소시키는 효과가 있다. 또 소화를 향상시키는 유산균, 칼슘, 인, 무기질과 비타민 A와 C가 풍부하게 들어 있으며, 나쁜 콜레스테롤 수치를 떨어뜨려 각종 성인병 예방에 효과가 있다. 특히 최근 연구에서 암세포의 증식을 막아준다는 것이 입증되어 세계를 놀라게 하고 있다.

다섯 번째 식품인 일본의 낫또는 우리나라의 청국장과 비슷한데, 일본 사람들은 낫또를 맨밥에 비벼 먹을 정도로 즐겨 먹으며, 생선회에 날로 곁들여 먹기도 하는데 변비를 없애주어 다이어트에도 효과가 있고, 뛰어난 정장작용으로 장 내 이로운 유산균의 활동을 돕는다. 또한 스트레스 해소 효과가 있어 수험생이나 직장인의 건강, 각종 성인병에 좋은 식품이다.

홍두화/파리질다수/만다라曼陀羅화

학명: *Erythrina indica* / *Erythrina speciosa*
과명: 콩과(Leguminosae)
영명: Indian Coral Tree, Mandara, Sunshine Tree
이명: 波利質多樹, Mandara(산스크리트), Mandar(힌디), 상아화(중국), 빠리자따수

우리나라에서는 쉽게 볼 수 없는 식물이며, 온실 속에서 드물게 발견할 수 있지만 인도에서는 짧은 겨울이 끝나면 제일 먼저 피는 꽃 중의 하나이다. 중국에서는 꽃이 상아처럼 생겼다고 해서 상아화(象牙花)라고 한다. 이 나무는 생장이 빨라 목재가 치밀하지는 않으나 가볍고 세공도 쉬워 목조 세공에 많이 쓰인다. 원산지는 남아메리카, 브라질로 알려져 있다.

높이 15m의 중고목으로 진홍색의 콩과식물 특유의 꽃잎이 떨어지면 그 줄기의 끝에서 이삭모양으로 모여 피며 꽃에 이어서 나오는 잎은 강낭콩 잎과 비슷한 삼출엽으로 잎자루나 잎맥의 겉에 가시가 있고, 가지의 줄기에도 가시가 있다. 꽃이 핀 후 15~28cm의 콩깍지가 달린다.

유사종인 에리스리나(황금목, *Erythrina cristagalli*)는 우루과이의 국화로 잘 알려져 있다.

만다라 VS 만드라고라(曼陀羅華:만타라초)이야기

만다라(mandara)화는 파리질다수, 빠리자따수와 동일시되며 붉은 꽃이 피는 콩과 식물인데 서양에서는 그 음이 비슷해서인지 옛날부터 독풀로 유명한 만드라고라와 잘못 혼동하는 일도 있다고 한다.

만다라화와 혼동한다는 만드라고라(mandragora)는 가지과(Solanaceae)에 속하며 학명은 *Atropa mandragora*이며 영명은 맨드레이크(Mandrake)로 아루라우네라고도 부른다.

가지과에 속하는 식물로는 가지, 파프리카, 피망, 고추, 감자, 담배, 토마토, 피튜니아, 까마중, 흰독말풀, 맨드레이크, 벨라도나, 구기자가 있고 인류식물학적으로 볼 때 인류가 널리 활용해 온 과이기도 하다.

가지과는 음식, 향신료, 의약품의 중요한 요소이나 가지과에는 알칼로이드 글루코시드가 많이 들어 있는 경우가 있으며 이는 소량으로도 인간과 동물들에게 치명적인 독이 될 수 있다.

한편, 만드라고라는 지중해와 레반트 지방이 원산지인 허브의 한 종류인데 뿌리가 둘로 나눠며, 마치 사람의 하반신 모습을 하고 있다. 이런 뿌리의 모양 때문에 좋지 않은 미신과 전설이 많은 식물이기도 하다.

고대 아랍인과 게르만인은 '맨드라고라(Mandragora)'라는 작은 남자의 악령이 이 식물에 산다고 믿었으며 교수대 밑에서 자라는 풀이라고 알려져 그 뿌리에 죄수의 죽은 영혼이 숨어 있다고도 믿었다.

뿌리는 깊이 약 1m까지 뻗으며 갈색으로 작고 뿌리 꼭대기에서 진한 갈색의 잎이 몇 장씩 표면에 붙듯이 나온다. 뿌리는 우울증 · 불안 · 불면증 등에 효과가 있고, 예전에는 수술용 마취제로 쓰이기도 하였다.

잎은 원뿔 모양으로 끝이 뾰족하고 좋지 않은 냄새가 난다. 잎들 사이의 길이가 8~10cm인 각각의 꽃대에서 종 모양의 연한 노란색 꽃들이 핀다. 나뭇잎은 외상을 치료하는 진통제이다.

뿌리와 나뭇잎으로 만든 허브차는 흥분 효과가 있으며, 심하면 마비 증상을 일으키나 천식과 기침에 효능이 있는 것으로 알려져 있다.

노랗게 익는 열매는 작은 사과 크기로 부드럽고 둥글며 강한 사과 냄새가 나며, 독성이 있으나 약초로도 쓰인다.

조앤 K. 롤링이 쓴 세계적으로 유명한 판타지 소설 '해리 포터(Harry Potter)' 속에서도 호그와트(Hogwarts)의 학생들이 마법의 식물로서 이 만드라고라를 두고 강의를 듣는 내용이 나오기도 한다.

경전 속의 만다라화

1) 법화경 서품

제3장 미륵보살이 물어 알리다

문수사리 법왕자여 부처님은 무슨 일로 미간백호 큰 광명을 두루 널리 비추시며 만다라꽃 만수사꽃 비오듯이 내려오고 전단향의 맑은 바람을 대중들이 기뻐하니……

제3 비유품 – 제3장 천인들이 기뻐하여 찬탄하다

…석제 환인과 범천왕들도 수없는 천자들과 함께 하늘의 기묘한 옷과 만다라꽃과 마하만다라꽃들을 부처님께 흩어 공양하니…

제16 여래 수량품 – 제4장 방편으로 근본을 나타내다

…보배 나무 꽃과 열매 중생들이 즐겨 놀며 하늘마다 북을 치니 기악 소리 항상 있고 부처님과 대중에게 만다라꽃 비 내리네.

제17 분별공덕품 – 제1장 법을 듣고 이익을 얻다

부처님께서 이 많은 보살 마하살이 큰 법의 이익을 얻었다고 말씀하실 때, 허공에서 아름다운 만다라꽃과 마하만다라꽃이 비 오듯 내려 한량없는 백천만억의 보리수 아래 사자좌에 앉아 계시는 여러 부처님 위에 뿌렸으며…

2) 대반열반경 – 14. 여래를 최고로 예배하는 법

그러자 한 쌍의 살라 나무는 때 아닌 꽃들로 만개하여 여래께 예배를 올리기 위해서 여래의 몸 위로 떨어지고 흩날리고 덮었다. 하늘나라의 만다라와 꽃들이 허공에서 떨어져서 여래께 예배를 올리기 위해서 여래의 몸 위로 떨어지고 흩날리고 덮었다. 하늘나라의 전단향 가루가 허공에서 떨어져서 여래께 예배를 올리기 위해서 여래의 몸 위로 떨어지고 흩날리고 덮었다.

3) 화엄경(華嚴經)

파리질다수(波利質多樹) 꽃이 하루만 옷에 풍기면, 첨복화(瞻匐華)와 바사화

(波師華)가 천 년을 풍겨 대도 그 향기를 따르지 못한다. 보리심의 꽃도 이러하여, 풍기는 공덕의 향기가 시방(十方) 불소(佛所)에 사무쳐서, 성문 · 연각의 청정한 지혜로 여러 공덕을 풍기어, 백 천 겁(劫)을 지낸대도, 그 향기를 따르지 못한다.

4) 불설 아미타경(佛說阿彌陀經)

사리불이여, 극락세계는 이와 같은 공덕장엄으로 이루어졌느니라. 사리불이여, 또 저 불국토에는 항상 천상의 음악이 연주되고, 대지는 황금색으로 빛나고 있다. 그리고 밤낮으로 천상의 만다라 꽃비가 내린다.

아소카나무/무우수無憂樹

학명: *Saraca indica*
과명: 콩과(Leguminosae)
영명: Sorrowless Tree of India, Ashok, Ashoka Tree, Asoca, Asoka-Tree, Gandhapushpa, Jonesia Asoka, Asoka(인디), Asogam(타밀)
이명: 사라목

무우수는 불교유적 각지에서 흔히 볼 수 있는 나무 중 하나로 인도 남부와 스리랑카 원산으로 힌두교에서도 성스러운 나무로 여기며 사랑의 신 카마가 가진 5개의 화살 중 하나는 이 나무로 만들어졌다고 한다. 또 그 이름 같이 이 나무는 사람들의 슬픔을 없앤다고 믿어지고 있다.

무우수 꽃은 인도의 짧은 겨울이 끝나고 사람들의 얼굴에서 인도인 본래의 정기가 되살아나는 때 피어난다.

잎은 등나무 잎같이 생기고 깃꼴겹잎이다. 작은 잎은 타원형이고 6~12개이며 두껍고 가장자리가 밋밋하다. 꽃은 4~6월에 피고 황색에서 오렌지색을 거쳐 적색으로 변하며 커다란 원추꽃차례(圓錐花序)에 달리고 향기가 있고 암술과 수술이 꽃잎보다 길다. 꼬투리는 길이 25cm이며 4~8개의 긴 타원형 종자가 들어 있으며 가로수, 방풍수 또는 관상수로 심고 있다.

경전 속의 무우수

무우수란 아소카라는 말에서 유래되며 산스크리트의 아(無)와 소카(憂)를 번역한 것이다. 경전에는 "꽃 색깔이 곱고 향기로우며 줄기와 잎이 넓게 뻗어 매우 무성한 나무"라고 쓰여 있다. 아륜가수(阿輪伽樹), 아숙가(阿叔伽)로 음사되거나 무우수(無憂樹), 무우화(無憂花) 등으로 번역되는데, 말 그대로 "근심이나 슬픔이 없다"는 의미이다.

이 나무 밑에서 부처님이 탄생했다는 설화가 있어 불교에서 매우 신성시되고 있는 나무로, 부처님 탄생기인 우협탄생설화(右脇誕生說話)를 살펴보면 다음과 같다.

"부처님께서 과거 오백생(五百生)의 수행(修行)을 성취(成就)하시고 호명보살(護明菩薩)의 이름을 받아 도솔천(兜率天) 내원궁(內院宮)에 계시다가 자기의 일대 사명을 수행할 시기가 온 것을 느끼시고 범천(梵天)왕과 제석천(帝釋天)왕 등과 의논하신 뒤 가비라성 석가족(釋迦族)의 주인인 정반왕(淨飯王)의 아들로 탄생할 것을 결심하였다.

홀연히 여섯 개의 이빨을 가진 흰 코끼리를 타고 도솔천으로부터 내려와 후원에서 고이 잠든 마야부인(摩耶夫人)의 태내(胎內)에 탁생(托生)하자 이와 같은 꿈을 꾸고 난 부인은 온몸이 저절로 영천(靈泉)에 씻은 것 같이 마음이 한없이 유쾌하였다. 태내오위(胎內五位)의 생육(生育)이 순조롭게 진행되자 여러 가지 서상(瑞祥)이 끊임없이 일어나 가비라국의 모든 재액(災厄)은 사라져 갔다. 혹은 하늘음악이 서로 화명하고 혹은 동개번채(幢蓋幡綵)가 궁중에 나부끼고 농민은 풍년을 얻고 우인(愚人)은 기교(技巧)를 얻으며 병든 백성은 명의(名醫)와 영약

(靈藥)을 얻어 스스로 낫게 되었다.

산달이 가까워짐에 따라 마야부인은 친정아버지 선각 장자의 청에 따라 대왕의 허락을 받고 친정인 구이성이 가까운 룸비니동산의 이궁(離宮)에 안주하게 되었다.

4월 8일 마야부인은 잠깐 산책길에 나왔다가 산기(産氣) 있음을 느끼고 북으로 이십 보를 걸어 아름다운 꽃송이가 달린 무우수(無憂樹) 나뭇가지를 잡았다. 순간 태자는 아무런 고통도 없이 어머니의 오른쪽 옆구리를 트고 평안히 탄생하였다."

그런데, 무우수 나무 가지를 잡는 순간 오른쪽 옆구리로 태어났다는 탄생설화는 쉽게 이해가 가지 않는다. 그러나 이것은 상징적인 표현으로, 전혀 근거 없는 말은 아니다. 즉, 고대 인도는 네 계급으로 이뤄진 계급사회여서, 바라문(婆羅門－승려, 학자, 제사장 계층), 찰제리(刹帝利－왕족, 관리), 폐사(吠舍－농상인), 수다라(首陀羅－노예) 등 네 계층이 있었고 이들은 브라만신(바라문신)의 네 가지 계급으로, 바라문은 브라만신의 머리(혹은 입)로 태어나고 찰제리는 옆구리로 태어났으며 폐사는 배로, 수다라는 발뒤꿈치(혹 하체)로 태어난다고 여겨졌다. 즉 부처님은 왕족인 찰제리이니 브라만신의 옆구리로 태어났다고 하는 것이다.

1) 불본행집경 제6, 7, 8권

꽃과 물이 서로 비추고 아름다운 새들은 삼삼오오 짝을 지어 무엇인가 속삭이고 있었다. 벽에서는 무엇인가 물속으로부터 막 솟아나와 맑은 향기를 온 누리에 가득 채우는데 부인은 홀연히 산기(産氣) 있음을 느끼고 밖으로 나와 북으로 이십 보를 걸어 아름다운 꽃송이가 달린 무우수(無憂樹) 나뭇가지를 잡았다. 순간 태자는 아무런 고통도 없이 어머니의 오른쪽 옆구리를 트고 평안히 탄생하였다.

암라/아마륵阿摩勒

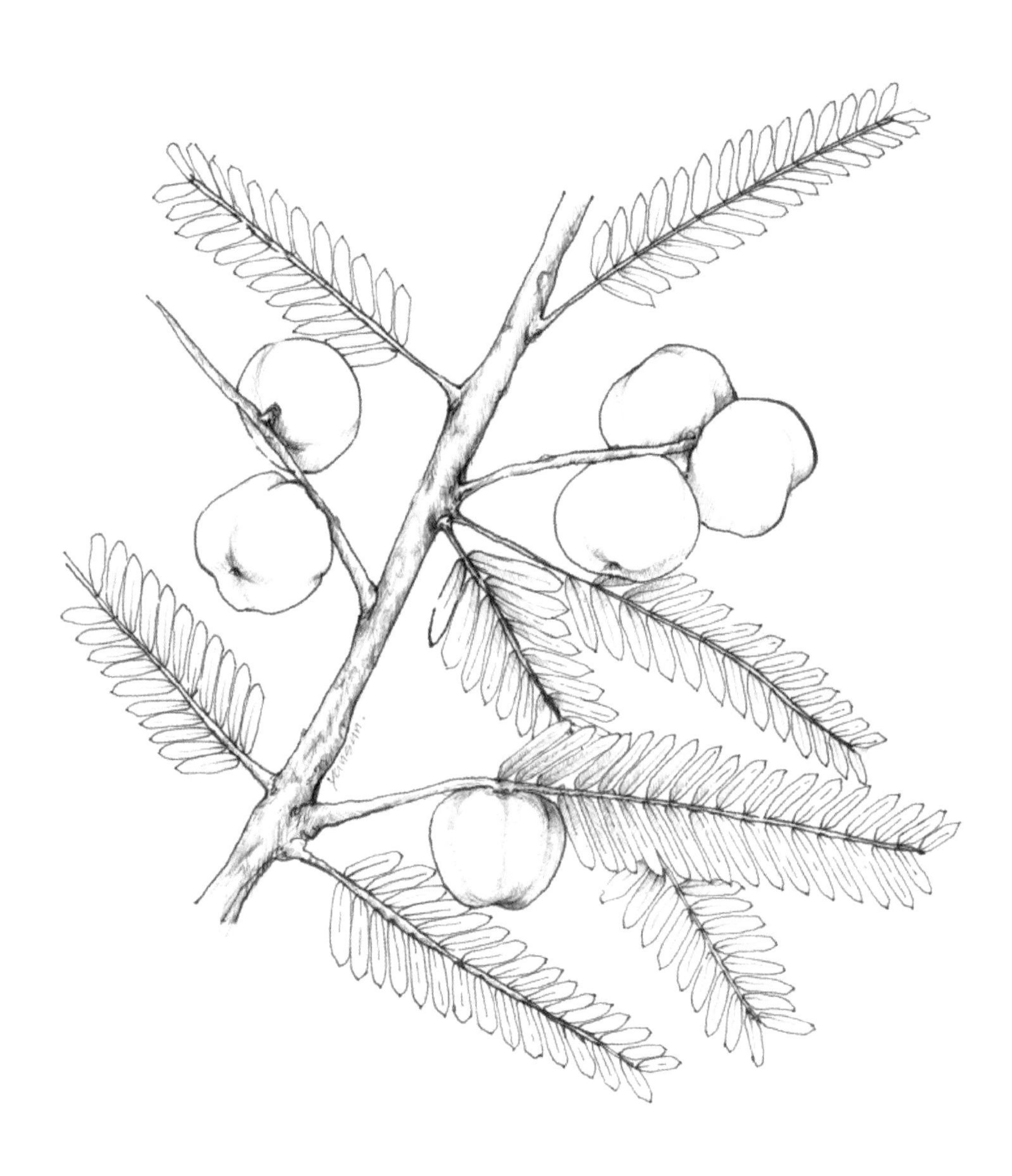

학명: *Phyllanthus emblica / Cicca emblica*
과명: 대극과(Euphorbiaceae)
영명: Amla, Emblic, Indian gooseberry
이명: Amlika, Aonla(힌디), Adiphala, Amalaka, Dhatri(산스크리트)

아마륵(암라, 아말라키)은 중소형 크기의 낙엽 교목으로 인도 전역에 자생하며 재배되기도 한다.

아마륵은 인도에서 성스러운 나무로 간주된다. 인구수 만큼이나 많은 신들이 있는 나라에서 이 나무는 부귀의 신인 쿠베라와 연관되어 있다.

줄기는 굽어 있고, 회색의 부드러운 수피는 벗겨지며, 연녹색 잎이 깃털 모양으로 나 있고 레몬 향을 풍기며, 꽃은 녹색을 띤 노란빛이다. 열매는 공 모양으로, 익으면 연노랑 빛을 띠고 반들거리며 겨울에 지름 1.5~3cm의 여섯 조각 줄로 된 아름다운 녹황색이다.

아마륵의 열매는 오렌지보다 20배나 많은 비타민 C를 함유하고 있는데, 열에 대단히 안정적이어서 고온에 장시간 노출되어 있더라도 나무에서 갓 수확했을 때처럼 비타민이 거의 파괴되지 않고 일 년 가까이 된 말린 열매의 경우에도 마찬가지로, 아마륵에 들어 있는 비타민 C의 이러한 내구, 내열성은 함께 들어 있는 탄닌 성분에서 비롯된 것으로 여겨진다. 또 이 탄닌은 철과 소금과 결합하면 흑색으로 변하므로 잉크 제조에도 사용되고 있다.

이 식물의 열매, 잎, 씨앗, 뿌리, 껍질, 꽃 등이 모두 약용으로 쓰이는데, 아마륵은 떫은 맛 때문에 날것으로 먹지 못하고 얇게 저며 소금에 절여서 말린 상태로 먹는다. 맛이 처음엔 떫지만 나중엔 달아 여감자(余甘子)라고도 하며 소화를 돕기도 하여 식후에 입안을 개운하게 하는 데 좋다.

풍부한 비타민 C로 인해 아마륵은 천연 모발영양제로 간주되는데 아마륵 추출물이 함유된 헤어 오일, 헤어 컨디셔너 등 모발관리제품이 많이 판매되고 있다.

특히 아마륵은 인도 고대 의학서인 아유르베다(Ayurveda)에 의거, 널리 사용되는 처방인 트리팔라(Triphala)의 성분 중 하나인데, 트리팔라란 젊음의 활기와 힘을 주는 라사야나(rasayana)약으로서 산스크리트어로 세 가지 열매를 뜻하며, 아말라키(Amalaki, 아마륵), 비히타키(Bibhitaki. 비혜륵), 하리타키(Haritaki, 가리륵. 訶子)의 세 가지 나무의 열매를 같은 비율로 섞은 혼합물을 말한다.

아유르베다 이론에 따르면 몸은 바타(Vata, 바람), 피타(Pitta, 불), 카파(Kapha, 물) 세 가지의 원소(Dosha, 도샤)로 되어 있고, 트리팔라의 세 열매는 각각의 원소에 해당된다. 아말라키는 불, 비히타키는 흙과 물에 해당하는 카파에 관련된 불균형을 치료하며, 하리타키(訶子)는 바람에 관련된 질병과 불균형을 치료한다고 본다.

트리팔라는 위장 기능 강화, 기생충 제거, 장내에 축적된 독 제거에 이용하는데, 아유르베다 의사들은 보통 거의 모든 질병에 먼저 트리팔라부터 처방한다고 하며, 인도에서는 트리팔라를 제대로 활용할 줄 아는 의사는 어떠한 질병이라도 치료할 수 있다고 할 정도로 중요한 약이다. 최근에는 트리팔라가 가진 비만 감소 효과도 있다 하여 큰 관심을 끌고 있다.

경전 속의 아마륵

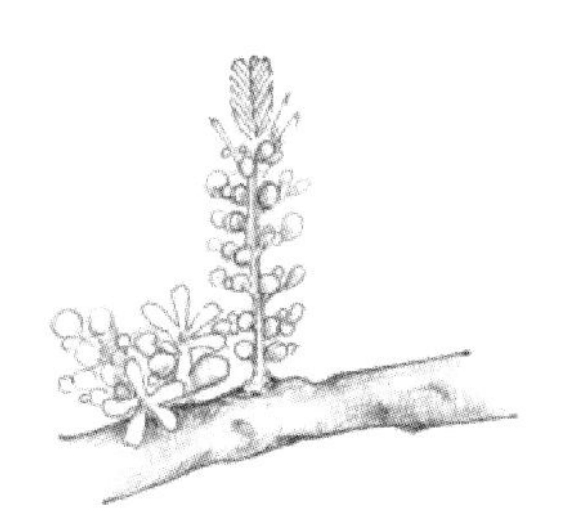

불가에서의 '먹는 것'이란 산스크리트어로 'ahara', 즉, '끌어당겨 보존해간다'는 의미로서, 중생의 육신이나 성자의 법신을 각기 존재하는 상태로 양육하고 유지해 나가는 것을 말한다. 초기 경전인『증일아함경』에 보면 '일체의 모든 법은 먹는 것으로 말미암아 존재하고 음식이 없으면 존재하지 않는다.'고 하였다.『사분율』에서는 음식을 넓은 의미의 약으로 보았으며, 당시 승려의 음식은 상식(常食)과 죽식(粥食), 병인식(病人食)으로 분류되었는데,『마하승지율』에서는 상식을 네 가지로 나타냈고, 그 첫째를 시약(時藥)으로 딱딱한 음식의 총칭으로 오전 중에 먹는 음식물로써 스님들의 식사를 말하며, 둘째는 시분약(時分藥)으로 여러 가지 과일로부터 얻은 즙으로 오후부터 밤 열시까지 마시는 과즙, 셋째는 7일약(七日藥)으로 유밀, 석밀, 지방 등과 같은 조미료로써 7일간 저장을 견딜 수 있는 보존식, 넷째는 진형수약(跡形壽藥)으로 생강이나 후추, 아마륵(阿摩勒) 등 종신토록 복용할 수 있는 것을 일컬었다.

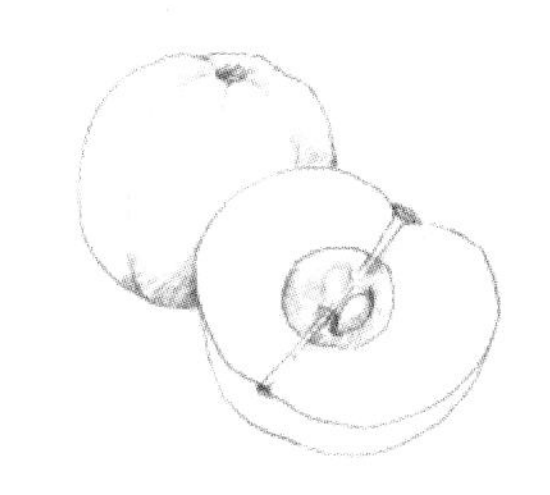

초기 불가의 식생활은 일반 세속인이 희사한 공양에 의지하여 매일 비구들이 직접 거리로 나아가 탁발걸식(托鉢乞食)하는 것을 수행의 일부로 여겼는데, 이때 공양시간은 오전(정오 이전)에 한 번 먹는 것을 원칙으로 하였으며 특별한 경우를 제외하고는 대중이 함께 공양하였다. 그러나 불교의 발전과 함께 사막이나 수도원에서 생활함에 따라 양식을 자급자족해야 했고, 이후 귀족 불교가 되고 여러 유형의 불교가 생기면서 예외적인 식생활 형태가 나타나게 되었다. 아마륵은 종신토록복용하는것으로 그 중요성만큼 장아함경을 비롯한 많은 경전에 등장하고 있다.

1) 금강삼매경

선남자야, 이 마음의 성상은 또한 아마륵 열매와 같으니, 아마륵 열매는 본래 스스로 생긴 것 아니고, 다른 것에 따라 생긴 것 아니며, 함께 생긴 것 아니고, 인(因)에서 생긴 것 아니며, 무생(無生)도 아니다.…

2) 미란왕문경(彌蘭王問經) – 제1장

출가자는 출가 생활에 있어서 열여섯 가지 장애를 간파하고 머리털과 수염을 깎는단다. 열여섯 가지 장애란 몸을 장식하는 장애, 아름답게 화장하는 장애, 기름을 바르는 장애, 머리를 감는 장애, 꽃 장식을 다는 장애, 향료를 쓰는 장애, 향을 바르는 장애, 가리륵의 마른 열매처럼 되는 장애, 아마륵의 마른 열매처럼 되는 장애…

3) 관세음보살수기경(觀世音菩薩授記經)

저 국토의 중생들과 보살과 성문들이 모두 이 국토에 나타났으며, 저 석가모니께~저 대중들 속에 둘러싸여서 법을 설하시는 것이 보였는데, 마치 손바닥 위에 있는 아마륵과(阿摩勒果)를 보는 것과 같았다.

다들 사랑스럽고 즐겁고 기쁜 마음들이 일어나서 '나무(南無) 석가, 여래, 응공, 정변지'라고 외쳤다.

4) 심희유경(甚希有經)

부처님이 왕사성의 취봉산에 있을 때였다. 아난이 탁발 중에 장엄하고 화려하게 꾸민 집을 보고, 만일 어떤 선남자와 선여인이 높고 넓은 집을 지어서 대덕스님께 받들어 올리고, 또 다른 선남자와 선여인은 여래께서 열반한 후에, 아마륵의 열매만한 탑을 세워서 그 속에 겨자씨만 한 여래의 사리를 안치하고, 보리쌀만한 불상을 조성한다면 누구의 공덕이 더 클 것인가에 대하여 생각하였다.

…그러나 그 공덕은 여래가 열반한 후에, 아마륵의 열매만한 탑을 세워서 그 속에 겨자씨만 한 여래의 사리를 안치하고, 보리쌀만 한 불상을 조성하는 공덕에 비교하면 수천만 분의 일도 안 된다.

5) 불설중본기경(佛設中本起經) – 3. 카샤파를 교화하는 품(化迦葉品)

부처님께서 공양하시고 떠나가시자, 카샤파는 '이 큰 사문은 참으로 신령하고 참으로 묘하구나'고 생각하였다. 다음날에 카샤파는 다시 부처님을 청하자 부처님은 말씀하셨다. "이제 뒤를 따라가겠습니다." 하시고 부처님은 서쪽 아파라고다니야에 가서 아마륵 열매를 따서 바루에 가득히 채워 돌아와서는 카샤파가 아직 닿기 전에 벌써 그 상에 앉아 계시자, 카샤파는 부처님께 물었다.

"또 어느 쪽으로 오셨습니까." 대답하셨다. "서쪽 아파라고다니야에 가서 아마륵의 열매를 가져 왔으니, 당신도 잡수십시오."

부처님께서 공양하시고 떠나가시자, 카샤파는 또 생각하기를 '이 큰 사문이 하는 일이야말로 신령하구나'라고 하였다.

아주까리/피마자/이란伊蘭

학명: *Ricinus communis*
과명: 대극과(Euphorbiaceae)
영명: Castor bean, Castor-oil-plant, Palma Christ, Wond
이명: 란다(randa), 베렌다(bherenda), 레리(reri), 에란다(eranda), 이라(伊羅)

한해살이풀로 피마자속에 피마자 한 종만 있다. 인도 · 소아시아 · 북아프리카 원산으로 원산지에서는 나무처럼 단단하게 자라는 여러해살이풀로서 아프리카가 원산지로 추정되며 열대지역 전역에서 키가 10~13m까지 자라는 귀화식물이다.

기원 전 4000년 경 고대 이집트의 유적에서 피마자 씨가 발굴된 것으로 보아 당시에 이미 등유 또는 의약품으로 쓰였다는 것을 알 수 있다.
불교와 함께 중국에 전래되었을 것으로 보이며, 우리나라에 언제 들어왔는지는 정확하게 알 수는 없지만 고려 때 중국을 통해 유지작물로 도입했을 것으로 보고 있다.

가지가 나무와 같이 갈라지며, 잎은 어긋나고 잎자루는 길며 방패 모양이거나 손바닥 모양이며 5~11개로 갈라진다. 잎의 앞면은 녹색이지만 갈색을 띠고 털이 없으며 가장자리에 날카로운 톱니가 있고 줄기에 흰색의 분이 묻어 있다. 개화기는 8~9월이며 소형의 붉은 꽃이 피는데, 씨는 흰 점이 있는 검은 색으로 양지바른 들에서 잘 자란다.

줄기는 대나무처럼 속이 비었고, 겉은 짙은 보라색이거나 녹색이며 마디가 있다. 어긋 달리는 잎은 손바닥꼴이고 긴 잎자루 끝에 달리는데 지름 25~30cm나 된다. 물기가 많고 비옥한 토양에서 잘 자란다. 땅이 척박하면 키가 자라지 못하고 잎도 작아지며 열매 또한 많이 달리지 못한다.

대체로 잎이 넓은 식물은 그늘에서 자라는 것이 보통이다. 또한 빨리 자라는 식물일수록 그만큼 많은 물과 영양분이 필요하며 피마자도 땅이 비옥하고 따뜻한 지역에 심었을 때 잘 자란다. 늦은 여름부터 꽃이 피기 시작하여 가시처럼 굵은 털이 있는 삭과로 달리고 서리가 내릴 때까지 계속 달리는데, 늦게 달린 것은 익지 못해 쭉정이가 되고 만다.

피마자는 상업적으로도 재배되고 있는데 피마자유(油)는 제약용, 산업용으로 사용하며, 열두 갈래로 갈라진 부채 모양의 멋지고 큰 잎 때문에 조경용으로도 심고 있다. 뻣뻣하고 가시가 있는 청동색에서 붉은색의 열매 송이가 아름답지만, 얼룩무늬가 있고 콩처럼 생긴 씨에 독(毒)인 리키닌이 많이 들어 있어 성숙하기 전에 열매를 따버리기도 한다.

종자를 피마자, 피마주 또는 아주까리라 하는데 길이 1.5cm, 너비 1cm 정도로 크고 광택이 있는 흑갈색에 흰색 얼룩무늬가 있다. 이 씨에는 40~50%의 기름이 들어 있다. 압착해서 짜낸 기름이 피마자유이다.

피마자 씨를 먹으면 설사작용이 일어난다. 씨 기름은 알칼리성 장액에 의해 리치놀산과 글리세린으로 물분해 되기 때문에 일어나는 현상이다. 리치놀산이 장액과 작용하여 리치놀비누를 합성하면서 소장을 훑어 내리게 되는 것이다.

씨를 날로 먹을 때는 독성이 강하지만 열처리하면 독성이 거의 없어진다. 피마자 독의 치사량은 어른이 리친 7mg, 리치닌 160mg이다. 어린이의 경우 씨 5~6

개면 죽을 수도 있다.

한방에서는 피마자기름을 변비 치료용 설사약으로 쓰고, 볶은 기름을 식중독, 급성 위장염, 이질 등에 쓴다. 또 무좀에 피마자기름을 바르면 잘 듣는다.
제약원료로 하기 위해 리치놀산을 분해하고 나온 에난톨은 아이러니하게도 향기로운 물질로서 최고급 향수를 만든다.

또, 피마자 잎을 잘 말려두면 겨울에 먹는 좋은 묵나물이 된다. 가을에 서리가 내리기 전 줄기 위쪽의 부드러운 잎을 따 짚으로 엮어서 추녀 밑이나 그늘진 곳에 매달아 둔다. 겨울을 보내고 음력 정월 보름이면 잡곡밥과 갖가지 나물 반찬을 먹게 된다. 이때 쌈으로 먹는 시절음식 중에 빠지지 않는 것이 바로 피마자잎 나물이었다.

우리나라에서 뽕나무에서 누에를 키워 양잠을 하듯 인도에서는 아주까리잎을 먹여 피마잠을 한다. 아주까리누에는 큰 고치를 짓는데 비단보다 질긴 천연섬유를 얻는다. 피마잠에서 얻은 섬유는 최고급 외투나 양탄자를 짜며 고대 인도 왕실에서도 썼다고 한다.

경전 속의 피마자

피마자는 불교 경전 속에서 좋은 식물로 기록되고 있지는 않지만 불교와 관련이 매우 깊은 식물이다. 피마자기름이 썩으면 냄새가 상당히 지독하다고 적고 있는데, 그 냄새의 강도는 40유순(1유순(由旬)은 약 15km)의 거리까지 그 악취가 진동한다고 적고 있다. 또, 독을 가진 피마자 나무를 번뇌에 시달리는 인간으로 비유해 악취를 풍기는 피마자에서 단향의 싹이 나오는 것처럼 악업을 행한 사람도 부처님께 귀의하변 구제를 받을 수 있다고 점을 강조하고 있다.

1) 증일아함경(增壹阿含經)

부왕을 죽이고 왕권을 탈취한 아세사가 후에 죄를 뉘우치고 불교에 귀의한 것을 두고 [증일아함경]에서는 "마치 악취를 풍기는 피마자나무에서 향기로운 단향나무가 자라는 것과 같다"고 했다.

2) 대반열반경(大般涅槃經)

이란의 씨에서는 반드시 이란의 싹이 돋아난다. 이란 씨에서 향기로운 전단나무가 자랄 수 없다. 그런데 지금 이란에서 전단나무가 돋아나고 있지 않는가.

이란의 씨는 곧 내 몸이요, 전단나무는 나의 뿌리 없는 믿음이다. 번뇌에서 깨어난 아세사가 부처님 말씀을 듣고 참회의 눈물을 흘리면서 한 말이다.

프랑킨센스/유향乳香나무

학명: *Boswellia carteri*
과명: Burseraceae(감람과)
영명: Frankincence, Olibanum
이명: 유향, Sacra, Undulato-crenata, 훈육향

우리나라에서 유향나무(*B. carterii*)로 불리는 프랑킨센스 나무는 소말리아, 오만, 예멘이 원산인 낙엽성 관목으로 4~5m 높이까지 자란다. 소말리아와 아라비아 남부에 많이 분포한다.

유향나무는 줄기에 상처를 내면 젖빛의 수액이 흘러내려 굳어지는데 이것을 유향(乳香), 영어로 프랑킨센스(frankincence) 혹은 올리바넘(olibanum)이라 하며 향료로서의 오랜 역사를 가지고 있다.

나무껍질은 광택이 나며 잎은 어긋나며 작은 잎은 11~21개로서 긴 달걀 모양이고 둔한 톱니가 있고 꽃은 연한 노란색이다. 봄에서 여름에 걸쳐 나무줄기에 상처를 내면 즙이 흘러나오는데, 이것을 응고하여 방향(芳香) 고무 수지(樹脂)를 얻는데, 맵고 쓴맛이며 향수의 재료로 쓴다.

한의학에서 많이 쓰고 있으며, 유향 또는 훈육향(薰陸香)이라고 하는데, 통증을 가라앉게 하고 종기를 없애는 효능이 있으며, 대표적인 처방으로는 유몰편(乳沒片)이 있는데 진통을 목적으로 쓰인다.

유향의 특징은 강력한 방부작용, 박테리아 성장의 억제와 관절염 등 효과를 갖고 있는 반면에 독성이 없다는 것이다. Frank(순수), incense(연기)의 뜻으로

스트레스나 정신적 치료에 상당히 효과적인 것으로 알려져 있다. 현대에는 많은 아로마 전문가들이 스트레스와 긴장 완화에 사용하고 있다.

향은 강하고 시원하며 오래 지속되는 향으로써 감정을 평온하게 하며 호흡을 안정시킨다. 정신을 안정시키며 수면에도 도움을 줄 뿐 아니라 세포의 재생을 촉진시켜 노화된 피부에도 효과가 있으며 강박증과 우울증에도 치료효과가 크며, 기관지 천식에도 유용하다.

외상으로 인한 피부감염으로 궤양을 일으켰을 때에는 분말로 만들어 환부에 바르면 새살이 잘 돋아나고 통증도 제거된다. 대개 몰약(沒藥)과 배합하여 쓰는데 임신부에게는 사용하지 않는다.

성경에서도 유향은 값비싸고 귀한 향료로 선물이나 제사 용품, 진상품 등으로 기록되어 있는데, 유향은 동방박사 세 사람이 귀한 예물을 가지고 별을 따라서 아기 예수님이 계신 곳에 이르러 경배하고 드렸던 귀한 예물에 포함되어 있기도 하며 성경 속에 20여 회나 등장하는 귀한 향료이다.

그리스 로마 신화 속에서도 유향나무가 등장한다. 사랑에 빠진 아폴론의 배신에 분노한 클리티아가 "레우코토에가 아폴론에게 순결을 잃었다."는 소문을 퍼뜨려 레우코토에의 아버지인 오르카모스가 그 딸을 산채로 매장해 버리고 말았는데, 그 자리에서 자라난 나무가 유향나무라는 내용이다.

경전 속의 유향나무

1) 법화경 – 23. 약왕보살본사품

'내가 비록 신통의 힘으로 부처님께 공양하였으나 몸으로써 공양하는 것만 같지 못하다.'하고, 곧 전단향, 훈육향, 도루바향, 필력가향, 침수향, 교향 등의 모든 향을 먹고 또 첨복 등 모든 꽃의 향유 마시기를 일천이백 년이…

님나무/인도멀구슬나무/양지楊枝

학명: *Azadirachta indica*
과명: 멀구슬나무과(Meliaceae)
영명: Neem, Nim, Nimbay, Nimtree, Bead Tree, Burmese Neem Tree, Chinaberry, Indian Cedar, Indian-Lilac, Percian lilac, Margosa, Margosa Tree
이명: 인도 고련목(苦練木), 치목(齒木), 정치목(淨齒木), Nimba, Nimbac, Nimbak(산스크리트), Balnimb, Nind(힌두), Khwinin, Sadao, Bim, Nimgach(뱅갈), Vepa(타밀), Cha-Tang, Sadao India(타이)

반 상록교목으로 아열대 및 열대지방에서 많이 자라는데 그 50% 이상이 인도에 서식하고 있다. 2~3월 흰 꽃이 피며, 꽃이 지고 난 후 달리는 녹색 열매는 7~8월이 되면 노랗게 익어 새들이 즐겨 찾는다. 건조에 강하며 내염성도 높다. 열매는 식용 가능하며 민간 약재로도 이용한다.

님나무 껍질은 차갑고 쓰며 수렴성이 있으며, 독을 없애고, 피를 맑게 한다. 열매에서 추출하는 님오일은 특유의 향이 있으며 식용으로는 사용되지 않는다.

열매는 쓴맛이 있고, 치질약, 구충제로 사용된다. 씨 역시 그 맛은 쓰고 구충제로 사용되며, 해독작용이 있다. 씨에서는 45%의 오일이 추출되는데 마늘, 유황과 비슷한 냄새가 나는 쓴맛의 오일로서 지방산이 풍부하며 비타민 E, 필수 아미노산 등이 들어 있다.

주요성분인 아자디라크틴(azadirachtin)은 곤충의 성장, 생식에 영향을 미쳐 생물농약으로 유용하게 사용되고 있다.

님오일은 고지방산이 포함되어 있기 때문에 가려움이나 민감성 또는 아토피, 건성피부에 사용하면 피부를 순하게 만들고 여드름에도 효과가 있다. 님오일은 두피에 생기는 비듬 증상뿐만 아니라, 머리카락의 부드러움, 윤기, 탄력을 유지시키고 가려운 두피, 비듬을 완화 시킬 수 있어서 최근에는 비누, 샴푸, 크림, 오일, 치약, 마사지 팩, 건강보조식품 등을 만들고 있다.

인도에서는 예로부터 님나무를 '마을의 약방' 혹은 '축복받은 나무', '모든 질병을 치료하는 나무'라 일컬을 정도로 치료제나 살충제로서 사용해 왔다. 님나무 가지를 문 앞에 걸어 질병을 막기도 하고, 뜰에 님나무를 심어 공기를 정화시키기도 하였다.

인도인들은 장례식에서 돌아올 때 씁쓸한 님 잎사귀를 입에 물고 있음으로써 고인을 잃은 슬픔을 표현하였는데, 여기엔 질병을 예방하기 위한 지혜도 담겨 있었다고 한다.

새해 첫날 한 해의 건강을 위하여 님나무 잎과 꽃, 야자 즙으로 만든 설탕, 망고를 섞어서 만든 음료를 마시는 풍습도 있을 만큼 님은 오랜 세월 인도인들과 삶을 함께 해온 나무이다.

또, 인도사람들은 인도요리의 쓴맛을 내는 향신료로 님을 이용하기도 하고, 식후의 소화를 돕기 위해 님 씨앗을 한 두 알 복용하기도 하며 의류나 서적의 해충 피해를 막는 데에도 사용한다. 또, 상처가 나면 님 잎을 물에 끓여 상처부위를 씻으며, 매트리스 밑에 신선한 잎을 깔아놓거나 곡물을 넣는 공간에도 해충퇴치를 위해 넣기도 한다.

님나무의 작은 가지를 꺾어 칫솔로 대용함으로써 입안을 살균하며 잇몸을 튼튼하게 하고 충치가 해결이 되며, 미백효과까지 얻을 수 있다.

님나무는 여러모로 많은 쓰임새가 있어 유엔에서는 21세기 구원의 나무라고 명명하고 있다. 님나무로부터 추출된 생물농약으로 인간과 동물에 해를 끼치지 않는 안전한 유기농법을 지속할 수 있다.

더욱이 님나무는 빨리 성장하는 속성수로서 사막의 녹화사업에 적당하며 나아가 가난한 제3세계의 농민들을 먹여 살리는 가장 좋은 경제수라고 한다.

우리나라에서는 유사종으로 멀구슬나무가 있는데 고련목이라고도 부르고, 일본에서 들여와 심어진 것으로 알려졌다. 줄기를 벗겨서 말린 것을 '고련피'라고 하며 열매를 말린 것을 '고련자(苦練子) 혹은 천련자(川練子), 금령자(金鈴子)'라고 하여 기생충, 배앓이, 옴, 악창의 치료에 사용하였다.

경전 속의 님 나무(양지)

불교에서는 님 나무가 자비사상과 결합하여 관세음보살로 비유되기도 하는데, 자비로운 관세음보살은 언제나 버드나무 가지를 들고 있거나 병에 꽂는 모습이며, 버드나무가 있는 나무수류관음보살입상(水柳觀音菩薩立像)이 고려 불화들 중 걸작으로 꼽히고, 불교 용구에서도 이 나무가 경전함이나, 향로 등의 장식 문양으로

자주 사용된다.

『비니모경(毘尼母經)』에 의하면 부처님은 많은 비구들이 입에서 냄새가 난다는 말을 듣고, 이를 제거하기 위해 사용하도록 허락했다. 부처님은 "여덟 치(八指)를 넘는 양지를 사용하지 말고, 네 치(四指)보다 작은 것을 사용하지 말라."고 가르치셨다. 『십송율』 40권과 『사분율』 '잡건도' 등에도 양지 관련 내용이 있고, 승려들이 지녀야 하는 첫 번째 물건이 되었다는 기록도 있다.

1) 밀린다왕문경

제자들은 자기들의 스승에게 법체가 편하신지 여쭙고, 일어나 물을 길어와 스승의 방을 청소하고, 양지와 양칫물을 드리고, 잡숫고 남은 것을 설거지하고, 스승의 몸을 안마해 드리고…

2) 범망경

제3장 사십팔 경계 - 제37. 모난유행계(冒難遊行戒): 위험한 곳에 가지 말라

너희 불자들이여, 봄 · 가을로 두타행 (출가 수행자가 세속의 모든 욕망을 떨쳐버리기 위하여 고행을 하는 수행방법의 하나)을 할 때나 겨울, 여름으로 좌선할 때나 안거를 할 때에, 항상 양지와 비누와 삼의(三衣)와 병과 바루와 좌구와 육환장과 향로와 물주머니와 수건과 칼과 부쇠와 족집게와 끈으로 얽은 걸상과 경전과 율문과 불상과 보살상을 지녀야 하느니라. 보살은 두타행을 할 때나 나다닐 때 백리 천리를 가더라도 이 열여덟 가지의 물건을 항상 몸에 지녀야 하느니라.

3) 비니모경(毘尼母經)

양지(楊枝. 이쑤시개)를 사용하지 않는 사람은 입에서 나쁜 냄새가 난다, 목구멍이 깨끗하지 않다, 가래 등이 제거되지 않는다, 식욕부진이 된다, 사람의 눈병을 일으키게 한다. 양지를 깨물면 다섯 가지 공덕이 있다.

'첫째 입에서 악취가 안 나고, 둘째로 미각을 느끼는 혀와 인후가 말끔해지며, 셋째 가래가 없어지고, 전날 먹은 음식찌꺼기를 없애준다. 넷째 음식 맛이 좋아지며 마지막으로 눈이 밝아진다.'

망고/암라菴羅

학명: *Mangifera indica*
과명: 옻나무과(Anacardiaceae)
영명: Indian Mango, Mango, Mango Tree, Mango-Tree
이명: Aamra(산스크리트), Aam, Aamchu(힌디), 망과(芒菓), 암마라(菴摩羅), Ambiram, Ampelan, Mambalam, Mambazham, Mangai, Māmpaḷam, Ampiram(타밀), Amram(말레이), Ancha, Mangoo, Mangou(일본), Mang Guo(중국)

망고나무는 높이 10~30m로 말레이반도, 미얀마, 인도 북부 등의 열대 아시아 원산으로 인도에서 재배된 지 4,000년 이상 된 것으로 알려졌으며 세계에서 가장 많이 재배되고 있는 열대 과수중의 하나로 생산량이 세계 5위이며 종류도 상당히 많다. 250년 이상 된 것으로 알려진 나무도 여전히 열매를 맺고 있어 그 수명이 매우 긴 것을 알 수 있다.

잎은 어긋나고 두꺼우며 바소꼴로 가장자리가 밋밋하고 털이 없으며 길이 10~15㎝이다. 꽃은 말레이시아와 타이완에서는 1~4월에 피고 암수 딴 그루이며 가지 끝에 원추꽃차례로 달리고 붉은 빛을 띤 흰색이며 꽃받침과 꽃잎은 각각 5개이고, 수술은 5개 이상이며 수술과 씨방 사이에는 육질의 화반이 있다. 씨방은 상위이고 배젖이 있다.

열매는 핵과로서 5~10월에 익으며 넓은 달걀 모양이고 길이 3~25㎝, 너비 1.5~10㎝인데, 500가지가 넘는 품종이 개발되어 있어 열매의 모양과 크기는 품종마다 차이가 크다.

종자는 1개 들어 있는데, 원기둥꼴의 양끝이 뾰족한 모양이며 약으로 쓰거나 갈아서 식용한다. 노란색 과육과 타원형의 씨, 익으면 노랑-붉은 빛을 띠는 두꺼운 껍질로 이루어져 있다.

망고는 비타민 A가 많으며 카로틴은 푸른 잎 야채와 거의 같은 양이 들어 있다. 날로 먹기도 하고 디저트와 과자재료로 쓰며 과육을 갈아 샐러드의 드레싱이나 소스, 스프 등에 사용한다. 산지에서는 덜 익은 것을 야채와 같이 볶거나 절여서 먹는다. 관상용으로도 심으며 수액은 아라비아고무 대용으로 사용한다.

열매, 씨, 뿌리, 잎 등 식물체 대부분을 식용 또는 약용으로 이용하는데, 인도에서는 덜 익은 과실을 반으로 갈라 씨를 빼고 피클을 담거나 카레 요리나 샐러드에 이용한다. 익은 후에는 역시 카레 요리나 샐러드에도 넣고, 씨는 볶아서 먹거나 가루로 만들어 변비에 복용한다.

쿠바에서는 망고를 호박 대신 이용하기도 하며 튀기거나 오믈렛을 만들고 쌀과 함께 조리하여 먹기도 하며 잔가지와 잎은 잇몸에 좋다고 하여 이를 닦는데 사용하며, 수피는 치통에 좋다고 한다.

경전 속의 암라

불교의 교의(敎義)를 설명하는 데도 빈번히 인용되는 나무로 불교사(佛敎史)에서 빼놓을 수 없는 학림수(學林樹)이다. 경전 속에서의 망고는 '꽃은 많지만, 열매를 맺는 것은 적은 것처럼, 중생이 보리심(菩提心)을 일

으키는 것은 많지만, 그것을 성취하는 것은 적다.'고 하거나, 사물이 확실한 것을 손바닥 속에 있는 암라과(菴羅果)를 보는 것과 같다고 비유하는 한편, 겉보기만으로 사람을 판단할 수 없음을 암라과(菴羅果)가 생것인지 익은 것인지를 알기 어려운 것과 같다고 비유기도 하였다. 이것은 망고의 품종이 매우 많고, 성숙한 과실의 색이 녹색에서 보라색을 띄는 것까지 다양해서, 겉보기만으로 덜 익은 것인지, 익은 것인지를 알 수 없음을 빗댄 비유이다.

[대방등여래장경]에서는 부처님께서 깨달음을 얻으신지 십 년째 되던 해에, 왕사성의 기사굴산에서 무수한 보살들에게 여래장경을 설하셨음이 기록되어 있고 아홉 가지 비유를 통해 대중들이 가지고 있는 의심을 풀어 주기 위하여, 여래장경을 설하고 있는데 그 아홉 가지 비유 속에도 무명번뇌(열매)에 덮여 있는 여래장(씨앗)은 부서지지 않는다는 대목에서 단단한 망고를 비유적으로 인용하고 있다.

1) 대방등여래장경 – 아홉 가지 비유

–시든 연꽃 가운데 앉아 있는 부처님
–꿀벌 무리 가운데 감추어져 있는 꿀
–단단한 껍질 속에 감추어져 있는 열매
–더러운 곳에 떨어져 감추어져 있는 순금
–가난한 집에 있는 보물
–암라나무 열매 안에 들어 있는 씨앗

암라 나무 열매 안에 들어 있는 씨앗은 부서지지 않아, 땅에 심으면 커다란 나무가 된다. 이와 같이 무명번뇌(열매)에 덮여 있는 여래장(씨앗)은 부서지지 않는다.

–누더기에 싸여 있는 순금의 상
–비천한 여인이 임신한 존귀한 왕의 아들
–진흙에 묻힌 황금의 상

2) 현우경(賢愚經) – 23. 사미수계자살품(沙彌守戒自殺品)

사문에게는 좋고 나쁜 것을 밝히기 어려운 네 가지가 있으니, 그것은 마치 암라(菴羅) 열매가 설었는지, 익었는지를 알기 어려운 것과 같다. 어떤 비구는 위의가 조용하고 천천히 걸으면서 자세히 보지마는, 속에는 탐욕과 성냄과 어리석음으로 계율을 부수는 비법이 가득 찼으니, 그것은 마치 암라 열매가 겉은 익었으되 속은 선 것과 같으니라.

어떤 비구는 바깥 행은 추하고 서툴러 의식을 따르지 않지마는, 속에는 사문의 덕행인 선정과 지혜를 갖추었으니, 그것은 마치 암라 열매가 속은 익었으나 겉은 선 것과 같으니라. 어떤 비구는 위의도 추하고 거칠며 계율을 부수어 악을 지으며, 속에도 탐욕 · 성냄 · 어리석음과 간탐과 질투가 가득 찼으니, 그것은 마치 암라 열매가 속과 겉이 모두 설익은 것과 같으니라. 어떤 비구는 위의도 조용하고 자세하며 계율을 가져 스스로 지키며, 속에는 계율과 선정과 지혜와 해탈을 갖추었으니, 그것은 마치 암라 열매가 속과 겉이 함께 익은 것과 같으니라. 저 걸식 비구는 안팎을 완전히 갖추었고, 또한 그와 같이 덕행이 원만하기 때문에 사람의 숭배를 받느니라.

3) 유마경(淨名經/유마힐소설경) – 불국품(불국정토에 대한 법문)

이와 같이 어느 때에 부처님께서 비야리성 안 암라나무 동산 절에서 큰 비구

대중 8천 사람과 함께 계셨는데 보살은 3만 2천 명이었으니 여러 사람이 잘 아는 이들이다.

유마경(淨名經/유마힐소설경)-보살행품

이때에 부처님께서 암라나무 절에서 법문을 하시더니 별안간 그 땅이 넓고 장엄하고 깨끗하며, 여러 회중들이 모두 금빛이 되었다. "세존이시여, 무슨 인연으로 이러한 상서가 있나이까? 별안간 땅이 넓고 장엄하고 깨끗하며, 여러 회중들이 모두 금빛이 되었나이다.", "아난아, 이것은 유마힐과 문수사리가 여러 대중에게 공경 받고 둘러싸여 오려하므로, 먼저 이 상서가 있나니라."

4) 대반열반경

그때 암바빨리 기녀는 "세존께서 웨살리에 오셔서 나의 망고 숲에 머물고 계신다."고 들었다. 그러자 암바빨리 기녀는 아주 멋진 마차들을 준비하게 하고 아주 멋진 마차에 올라서 아주 멋진 마차들을 거느리고 웨살리를 나가서 자신의 망고 숲으로 들어갔다. 더 이상 마차로 갈 수 없는 곳에 이르자 마차에서 내린 뒤 걸어서 세존께로 다가갔다. 가서는 세존께 절을 올린 뒤 한 곁에 앉았다. 세존께서는 한 곁에 앉은 암바빨리 기녀에게 법을 설하시고 격려하시고 분발하게 하시고 기쁘게 하셨다.

5) 미린다왕문경 - 제2장 대론. 24. 윤회의 주체(主體)

"대왕이여, 어떤 사람이 남의 망고나무(암바) 과일을 훔쳤다고 합시다. 망고나무 주인이 그를 붙잡아 왕 앞에서 처벌해 달라고 했을 때, 그 도적이 말하기를 "대왕이여, 저는 이 사람의 망고를 따오지 않았습니다. 이 사람이 심은 망고와 제가 따 온 망고와는 다릅니다. 저는 처벌을 받아서는 안됩니다."고 한다면 왕은 어떻게 하겠습니까. 그 사나이를 처벌하겠습니까." "존자여, 처벌하겠습니다. 그 사람은 마땅히 처벌을 받아야 합니다." "무슨 이유로 그러합니까?" "그가 무슨 말을 하든 처음 망고는 현재 보이지 않지만, 마지막 망고에 대해서 죄가 있기 때문입니다."

미린다왕문경 – 제2장 대론. 59. 윤회란 생사의 연속을 말한다

"어떤 사람이 잘 익은 망고를 먹고 망고 씨를 땅에 심었다고 합시다. 그 씨로부터 망고나무가 성장하여 열매를 맺을 것입니다. 다시 그 나무에 열린 망고를 따먹고 씨를 땅에 심으면 다시 나무로 성장하여 열매를 맺게 될 것입니다. 윤회도 이와 같은 것입니다."

미린다왕문경 – 제3장 5. 부처님의 지도 이념(일체중생을 이롭게 함)

"대왕이여, 부처님은 법문을 설할 때, 좋아하고 싫어하는 감정을 완전히 떠나서 설합니다. 부처님이 이같이 법문을 설할 때 바르게 받아들이는 사람은 진리를 깨닫지만 법문을 잘못 받아들이는 사람은 불행한 상태에 떨어집니다. 어떤 사람이 망고나무나 잠부나무나 마도카 나무를 흔들 때, 꼭지가 단단하게 붙어있는 과일은 떨어지지 않지만 꼭지가 썩어서 단단히 붙어 있지 못한 과일은 떨어질 것입니다.

미린다왕문경 – 제4장 수행자가 지켜야 할 덕목. 121.마음에 걸림 없는 경지

대왕이여, 또 큰 망고나무 꼭대기에 망고가 열려 있는데 신통력이 있는 사람은 단번에 그 망고나무를 따겠지만 신통력이 없는 자는 나뭇가지와 덩굴을 베어

다 사다리를 만들어 그것을 타고 올라가 망고를 비틀어 딸 것입니다.

미린다왕문경 - 제4장 수행자가 지켜야 할 덕목. 138. 추리에 관한 난문

이를테면 어떤 사람이 일 년 내내 과일이 열리는 망고나무를 가지고 있다고 합시다. 망고를 살 사람이 왔을 때 그는 이렇게 말할 것입니다. '여보시오, 이 망고 나무에는 일 년 내내 과일이 열립니다.

가라/침향沈香

학명: *Aquilaria agallocha*
과명: 팥꽃나무과(Thymelaeaceae)
영명: Aloeswood, Agilawood, Lignum aloes, Agarwood
이명: 가라수, 밀향(蜜香), 침수향(沈水香), 아가루

인도와 동남아시아에 분포한다. 아시아 남부에 같은 속의 식물이 몇 종이 자라고 있으나 수지가 있는 종은 이 종과 말라켄시스(*A. malaccensis*)뿐이다. 상록교목으로 높이는 20m, 지름은 2m 이상 자란다. 잎은 어긋나고 두꺼우며 긴 타원 모양이고 표면에 윤기가 있으며 길이가 5~7cm이고 끝이 꼬리처럼 길며 가장자리가 밋밋하다.

꽃은 흰색으로 피고 잎겨드랑이와 가지 끝에 산형꽃차례를 이루며 달린다. 화피는 종 모양이고 끝이 깊게 갈라지며 안쪽에 털이 빽빽이 있다. 수술은 10개이고, 암술은 1개이며 암술머리가 2개로 갈라진다. 열매는 거꾸로 세운 편평한 바소꼴이고 길이가 5cm 정도이며 2개로 갈라진다. 종자는 달걀 모양이고 꼬리 같은 부속체가 있다.

침향은 침향나무를 벌채하여 땅 속에 묻어서 수지(樹脂)가 없는 부분을 썩힌 다음 수지가 많이 들어 있는 부분만을 얻거나 나무의 상처에서 흘러나온 수지를 수집하여 만든다. 침향은 의복이나 물건에 향기가 스며들게 하고 또 이것을 태우면 향기를 낸다. 옛날부터 가장 귀한 향 중 하나로 애용되었다.

약재로서의 침향은 기가 위로 올라가는 것을 내려 주며 신장을 따뜻하게 하여 양기를 보하는 효능이 있다. 몸 안의 나쁜 기운을 없애며 명치가 아플 때 사용하고 토하거나 설사가 있을 때 사용하면 그 증상을 치료할 수 있다. 한방에서는 줄

기를 약재로 쓰는데, 진정 · 건위 · 통기 작용이 있으며 소화불량 · 식욕부진 · 구토 · 기관지천식 · 조루 · 정력 부족 등에 효과가 있다.

침향은 베트남 북부에서만 자라는 열대나무 아퀼라리아에서 나오는 나무기름 덩어리인데 외관상으로는 오래된 나무토막처럼 보일 뿐이지만, 실상은 다르다. 나무에 난 상처를 치유하기 위해 상처 부위에 모인 수지가 수백 년에서 수천 년에 걸쳐 응결된 귀한 덩어리가 바로 침향이라는 것이다.

침향은 무엇보다 그윽하면서도 자극적이지 않은 향이 일품이다. 침향 자체는 냄새가 나지 않지만 일정한 온도 이상의 열을 받으면 그윽한 향기를 발한다. 침향은 향기가 그윽할 뿐 아니라 무엇보다 기를 발하는 것이 두드러진 특징이다. 침향은 먹어서도, 피워서도, 몸에 지녀서도 기를 발하여 마음이 안정되고 편안해지도록 도와준다고 한다. 한약재로는 기의 순환을 원활히 하고 강력한 항균 작용을 하는 것으로 알려져 있다.

귀한 만큼 이들 침향의 거래 가격은 매우 비싸며, 품질이나 무게, 등급에 따라 가격의 차가 크다. 색깔이 짙고, 무게가 많이 나갈수록 비싼데, 특별한 모양을 갖춘 침향 덩어리는 천연 조각품으로 가치가 더 높아진다.

경전 속의 가라

옛부터 왕족과 부호들의 가문에 의해 계승되는 고귀한 영약(靈藥)이라 여겨온 침향은, 법화경 등의 불교 경전은 물론 성경을 비롯하여 고대 문헌에도 등장한다. 삼국사기에는 "진골, 4, 5, 6두품과 이들의 부인 그리고 백성 모두 침향 사용을 금한다."는 기록이 있을 만큼 침향은 오직 왕실에서만 사용할 수 있었다.

불교에서도 최고급의 염주는 침향으로 만든 것으로 침향염주를 받은 스님은 널리 두루 다니면서 병고에 시달리는 사람들에게 염주 알 하나하나를 떼어내어 빻아 먹여 병고에서 벗어나도록 하였다고 한다.

1) 대무량수경

아난이여, 저 정토에는 여러 강이 흐르고 있다. 그 모든 큰 강의 양쪽 언덕에는 갖가지의 향기 있는 보석나무가 잇달아 나 있으며 그 나무에서 각종의 큰 가지와 잎, 꽃다발이 밑으로 드리워져 있다. 또 모든 큰 강에는 천상의 따말라 나무 잎이나 아가루나 안식향이나 따가라, 그리고 우라가사라짠다나라는 최고의 향기가 나는 꿀이 철철 넘쳐 흐르고…

2) 다라니집경

법으로서 집안의 모든 재앙을 면하고자 한다면 가라수의 가지를 쓰거나 가라수가 없으면 석류나무 가지를 골라서 잘라 꿀이나 버터를 바르고 주문을 큰 소리로 외운 뒤 불 속에 넣어서 태우십시오.

살나무/사라수紗羅樹

학명: *Shorea robusta*
과명: 이엽시과(Diperocarpaceae)
영명: Common Sal, Indian Dammer, Sal Seeds, Sal Tree, Saltree, Yellow Balau
이명: Ashvakarna, Chiraparna, Sal, Sala, Sarja(산스크리트), Jall, Sal, Salwa, Shal(힌디), Sakher, Sakhu, Sal, Salwa(뱅갈), Jall, Sal, Salwa, Shal(인디), Attam, Shalam(타밀), Sara Noki, Serangan Batsuu, Shara Noki(일본), Suo Luo Shuang, Suo Luo Shuang Shu(중국), 마이수(馬耳樹)

히말라야 산기슭부터 인도 전역에 퍼져 있는 반 낙엽성의 나무로 높이는 3m에 달한다. 인도에서는 목질이 좋아 건축자재, 침목으로 쓰이는 등 주요 산림식물의 하나이며, 수지는 힌두교에서 향으로 사용하고, 기근 때는 열매를 빻아 밀가루에 섞어 먹기도 했다.

잎은 어긋나고 달걀모양의 타원형으로 가장자리가 밋밋하다. 꽃은 3월에 피며 연한 노란색으로 원추꽃차례가 달린다. 꽃잎은 5장이며 밑 부분이 붙어서 통처럼 되고 많은 수술과 1개의 암술이 있다. 열매는 삭과로서 넓은 타원형이며 길이 13mm로 꽃받침이 자란 5개의 날개가 있다.

목재는 단단하고 수피에 상처를 내면 수지인 다마르(dammar)가 나온다. 이것은 래커와 리놀륨을 만드는 원료로 쓰고 열매는 식용으로 한다. 가로수로 심기도 한다.

경전 속의 사라수

사라는 산스크리트의 살라(sala)에서 나온 말이며 '단단한 나무'라는 뜻이다. 부처님이 구시나라의 사라나무 숲 속에서 열반하였는데 동서남북에 이 나무가 2개씩 서 있었으므로 사라쌍수라고 한다. 한 쌍씩 서 있었던 사라수(沙羅樹)중 동쪽의 한 쌍은 상주(常住)와 무상(無常)을, 서쪽의 한 쌍은 진아(眞我)와 무아(無我)를, 남쪽의 한 쌍은 안락(安樂)과 무락(無樂)을, 북쪽의 한 쌍은 청정(淸淨)과 부정(不淨)을 상징한다고 한다.

부처님은 탄생에서 깨달음, 열반에 이를 때까지 나무와 관계를 가지고 있는데 태어날 때는 룸비니 동산의 무우수(無憂樹=아수가수) 아래서 태어났는데 마야 부인이 안산을 했다 하여 그 나무를 '무우수'라 했다고 한다. 또한 깨달음은 보리수 아래서 얻었다. 보리수의 원명은 핍팔라(일명 아슈바타인)인데 이 나무 아래서 깨달았기 때문에 깨달음(보리)이라는 이름이 붙어 보통 '보리수'라 한다. 열반은 두 그루의 사라수(沙羅樹) 아래서 드셨기 때문에 이 세 나무를 3대 성수(聖樹)라 부른다. 불교식 장례 때 제단에 지화(紙花)를 장식하는 것도 부처 입적 때의 이 사라쌍수 꽃에서 유래한다.

또한 사라수는 석가모니 부처님에 있어서는 열반의 나무이지만 과거칠불 중 세 번째 부처님이신 비사바 부처님에게는 보리수가 되고 있다. 즉 비사바 부처님께서는 사라수 아래서 깨달음을 얻으셨기 때문이다.

1) 대반열반경(大般涅槃經)

히라냐띠 강을 건너서 꾸시나라의 말라족이 사는 사라수 숲에 도착했을 때 부처님께서 아난다에게 일러 말씀하셨다. “나를 위해 나란히 늘어선 두 그루의 사라수 사이에 머리를 북쪽으로 향하도록 침상을 준비해다오. 나는 몹시 피곤하구나. 옆으로 눕고 싶다.” 아난다가 그대로 하자 부처님께서는 사라쌍수 아래서 머리를 북쪽으로, 오른쪽 옆구리를 아래로 향하도록 하신 후 발 위에 발을 겹쳐 올리고 조용하게 모로 누우셨다. 그때 사라수는 때 아니게 꽃이 활짝 피었다. 그리고 그 꽃들은 부처님의 몸에 내리덮이듯 흩날리며 쏟아졌다.

2) 아함경 – 제8권 4. 미증유법품(未曾有法品)

저는 들었습니다. 세존께서는 어느 때, 비사리의 커다란 숲 속에서 노니셨습니다. 그때 여러 비구들은 발우를 맨땅에 두었었습니다. 마침 세존의 발우도 또한 그 가운데 있었는데, 원숭이 한 마리가 부처님의 발우를 가지고 갔습니다. 비구들은 부처님의 발우를 깨뜨리지 않을까 걱정되어 꾸짖었으나, 부처님께서는 비구들에게 말씀하셨습니다.

‘꾸짖지 말라. 발우를 깨지 않을 것이다.’ 그 원숭이는 부처님의 발우를 가지고 어떤 사라나무(娑羅樹)로 가더니, 천천히 나무 위로 올라가 벌꿀을 채취하여 발우에 가득 담은 다음 천천히 나무에서 내려와 부처님께 나아가 꿀 발우를 세존께 바쳤습니다.

빔바/빈파頻婆

학명: *Coccinia indica*
과명: 박과(Cucurbitaceae)
영명: Ivy Gourd, Tindora
이명: Jivaka, Patuparni, Vimba, Vira(산스크리트), Bimb, Bimba, Bimbi, Bimbika(As C Indica), Kanduri, Kanturi, Kundree, Kundru(힌디), Kundree, Tindora, Tindori(인디)

자웅이주의 다년생 덩굴 식물이다. 줄기에는 털이 없고 잎은 호생하는데 달걀 모양의 날카롭고 넓적한 모양을 하고 있다. 잎 끝은 뾰족하게 돌출된 형태인데 꽃은 암수가 따로 피고 흰색이며, 대부분 단성화로서 잎겨드랑이에 달린다. 참외와 비슷한 열매는 가죽 같은 질감을 가졌으며, 열매의 속은 풋 열매일 때는 흰색의 섬유질이나 성숙해지면 부드럽고 붉은 색으로 계란이나 타원형의 2~5cm의 액과가 되는데 열매 내에는 씨가 많다.

빔바는 성장 속도가 빨라 하루에 10cm가량 자라며 열대 아프리카와 아시아가 원산이지만 미국 하와이에서도 식용으로 재배되는데 아름다운 흰 꽃 때문에 종종 정원울타리나 조경용으로 사용되기도 한다. 동남아시아에서는 빈바를 식용으로 경작하는데 주로 어린 순이나 과실을 먹는다.

약리적 측면에서 빔바는 수많은 용도로 사용될 수 있다. 뿌리와 잎의 즙은 당뇨병 치료에 이용되며 잎들은 피부 트러블을 치료하는 찜질제로 쓰이고 배변을 용이하게 하기도 한다.

빔바의 어린 순과 줄기 끝부분은 향미용 채소로 조리되고 스프에 첨가되기도 하고 연한 녹색의 과실은 날것으로 샐러드를 해 먹거나 익혀서 카레에 넣는다.

열매가 익으면 날로 먹는다. 세계 각국에서 다양한 요리의 재료가 되고 있는데 이 과실은 인도의 식탁에선 아주 흔하며 태국이나 인도네시아와 동남아시아 여러 나라들에서는 과일과 잎을 먹는다.

빔바는 태국에서 적극적으로 경작되고 있는데 이는 빔바 속의 비타민 A와 C 때문이며 특히 베타 카로틴이 풍부하다고 알려져 있다.

경전 속의 빔바

이 과실은 먹으면 입술이 빨갛게 변하기 때문에 종종 아름다운 입술에 비유되기도 한다. 빔바와 같은 붉은 입술은 부처님의 팔십종호(八十種好) 중 하나로 부처님의 입술을 비유적으로 표현할 때 사용한다.

중아함경(中阿含經)과 방광대장엄경(方廣大莊嚴經)에 의하면 부처님의 훌륭한 용모는 우연히 이루어진 것이 아니라, 다겁생에 걸쳐 쌓은 선근과 보살행의 결과로써 나타나며, 이 길상을 갖춘 이가 세속에 있으면 위대한 전륜성왕이 되고, 출가하면 부처님이 된다고 한다. 32상은 '32대장부상'이라고도 하며 부처님이 가지신 일반인과 구별되는 32가지 길상을 말하는데, 32상에 따르는 잘 생긴 모양이란 뜻으로 '32상'을 다시 세밀히 나누어 놓은 것을 '80종호'라 한다. 80종호는 1) 손톱이 좁고, 길고, 엷고, 구리 빛으로 윤택한 것.

…28) 입술이 붉고 윤택하여 빈파(頻婆, binbha) 열매 같은 것.…80) 손, 발,

가슴에 상서로운 복덕상과 훌륭한 모양을 구족한 것… 등의 내용이다.

1) 법화경 - 제27장 묘장엄왕 본사품(妙莊嚴王本事品)

선남자들이여, 묘장엄왕은 하늘에서 내려와 두 손 모아 합장하며 운뇌음숙왕화지여래께 이렇게 말씀드렸다. '세존이시여, 부디 가르쳐주시옵소서. 여래께서는 어떤 지혜를 가지고 계시옵니까?

머리에는 육계가 빛나고 눈은 맑으며 미간의 한가운데에는 달이나 나패와 같은 번쩍거리는 백호가 빛나며 입속은 평평하고 치아는 골고루 갖추어져 빛나고, 빔바의 열매처럼 붉은 입술에 아름다운 눈을 가지고 계시옵니다.'

아제목다阿提目多

학명: *Hiptage benghalensis / Hiptage madablota*
과명: 말피기과(금수휘과, Malpighiaceae)
영명: Helicopter Flower, Hiptage
이명: 선사화(善思花), 거등(苣藤), Chandravalli, Kamuka(산스크리트), Atimukta, Kampti, Madhalata, Madmalati(힌디), Kampti, Madhavi, Ragotpiti, Madhavi Lata

서남아시아가 원산인 덩굴식물이며 4~6m까지 자라는 관목이며 향기로운 꽃향기 때문에 인도 고전 문학에 자주 등장하며 인도나 스리랑카, 미얀마의 숲 속에서 자라고 회갈색의 덩굴은 다른 나무를 타고 높이 감아 올라간다. 향기를 즐기는 인도인들은 쟈스민류 식물들과 함께 이 식물을 정원 문기둥이나 아치에 감아 장식하기도 한다.

이 나무에서는 아름다운 꽃들이 꽃받침에 송이 모양으로 달리지만 가느다란 실 모양이 있어 가늘게 갈라진 5장의 꽃받침은 모두 뒤집혀 위로 몸체가 휘어져 꽃잎 위쪽의 기부가 황색(꽃술)이 된다. 꽃의 색깔은 흰색에 가깝거나 흰색, 노란색인데, 언뜻 보면 참깨 꽃과 유사하며 잎은 조금 두껍고 길이는 7~14cm이다. 나무껍질과 잎은 약용으로 쓰인다.

연중 꽃이 피며 1~3월에 많은 꽃이 피는데 이 꽃은 다른 식물들이 수면하거나 휴식기인 겨울에 매우 향기로운 꽃을 피워 겨울 향기를 전한다는 점이다. 특히 그 향기는 감성을 증가시키고 정서적 위안을 주는 좋은 과일 향수의 향과 비슷하다.

'Hiptage'라는 속명은 그리스어 'hiptamai'에서 비롯되었는데 이는 비행을 뜻하는 'to fly'와 세 개의 날개를 단 독특한 과실이라는 의미이다. 아름답고 독특한 형태로 인해 이국적인 열대 관상용으로 재배되고 있으며 빠른 성장 속도와 척박한 여건에서도 잘 견디는 특성 때문에 초보자가 재배하기에 용이하다.

이 나무는 약용으로도 재배되고 인도의학에서도 중요한 위치를 점하고 있다. 잎사귀와 나무껍질은 맵고 시며 써서 살충제의 효과와 함께 해열과 염증치료, 피부병 등의 치료에 사용하며 나무껍질은 또한 류머티즘과 천식을 다스리는 데도 유용하다.

경전 속의 아제목다

경전 속에서는 이 꽃을 연꽃이나 석산(만수사화) 등과 함께 신들이 내려준 하늘의 꽃 중 하나로 일컫는 경우가 많다. [율장]에서는 악한 용과 겨뤘다는 비구스님의 이야기가 나오는데, 용이 스님에게 던진 뱀과 벌레가 바로 아제목다 꽃으로 변하였고 이후 용은 부처님의 가르침을 받고 불제자가 되었다고 한다.

1) 대보적경(大寶積經) – 제1권 삼률의회(三律儀會)

이 산은 갖가지 나무가 많아서 숲은 우거지고 가지와 잎이 무성하였다. 그것들은 천목향 나무와 암마라, 견숙가, 니구타 · 전단향 나무 등이었다.

또는 물과 뭍의 온갖 꽃이 있으니 아제목다 꽃(阿提目多華) · 첨파향 꽃 · 파타라 꽃 · 파사가 꽃 · 소만나 꽃 · 유제가 꽃 · 우발라 꽃 · 파두마 꽃… 등 온갖 이름난 꽃이 온 산을 아름답게 꾸미었다.

2) 법화경 – 제17 분별공덕품. 4장 묘한 공덕을 나타내다

이해하고 믿는 마음 법화경을 받아 지녀 읽고, 또한 쓰고 남을 시켜 쓰게 하여 이 경전에 공양하며 꽃과 향을 뿌리거나 수만, 첨복, 아제목다가 기름으로 불 밝히니 이런 공양 하는 이는 한량없는 공덕 얻어 끝이 없는 허공처럼 복과 덕이 이와 같네.

3) 대방광삼계경(大方廣三戒經) – 상권

또 이 산에 물과 뭍의 온갖 꽃이 다 구족하였으니, 이른바 아제목다 꽃(阿提目多華) · 첨바 꽃 · 파타라 꽃 · 바사 꽃 · 수만 꽃 · 수건타 꽃 · 유제가 꽃…

4) 불본행집경(佛本行集景) – 제5권 3. 현겁왕종품(賢劫王種品)

…서로 가지를 드리워 각각 서로 가리웠으며 또 여러 가지 모든 아름다운 꽃들이 피어 있으니 곧 아제목다 꽃 · 첨파 꽃 · 아수가 꽃 · 파다라 꽃 · 파리사가 꽃 · 구란나 꽃 · 구비다라 꽃 · 단노사가리가 꽃 · 목진린타 꽃 · 소마나 꽃…

5) 방등경

일장경전을 말씀하셨다. 그때 서방으로부터 큰 꽃구름이 나타나니, 이른바 우바라 꽃 · 바두마 꽃 · 구우타 꽃 · 아제목다 꽃 · 첨파가 꽃 · 파리사가 꽃들이었다. 이러한 꽃구름이 나타나는 중에 넓이 10유순가량의 반달이 나타나고…

6) 불설보살행방편경계신통변화경 – 상권

니구라나무와 박차나무와 우담발라나무, 바사 꽃과 타니가 꽃과 아제목다꽃(阿提目多華)과 첨파 꽃과 아숙가나무와 파타라나무들이 있었으니, 그러한 나무들로써~

7) 잡아함경

그는 곧 그 돌산 위에 올라가 다시 맑고 시원한 여덟 갈래 물, 즉 시원하고 맛이 있으며, 경쾌하고 부드러우며, 향기롭고 깨끗하며, 마실 때에도 목이 메이지 않고 목 안에 걸리지도 않으며, 마시고 나면 온몸이 편안해지는 물을 보았다. 그가 곧 그 속에 들어가 목욕하고 그 물을 마시자 모든 번열과 괴로움이 사라졌다.

그는 다시 큰 산 위에 올라가 일곱 가지 꽃을 보았는데, 그 꽃은 우발라 꽃 · 발담마 꽃 · 구모두 꽃 · 분다리 꽃 · 수건제 꽃 · 미리두건제 꽃 · 아제목다 꽃이었다. 그는 이 꽃의 향기를 맡고는 다시 돌산에 올라가 4층 누각을 보았다.

잠부나무/염부수閻浮樹

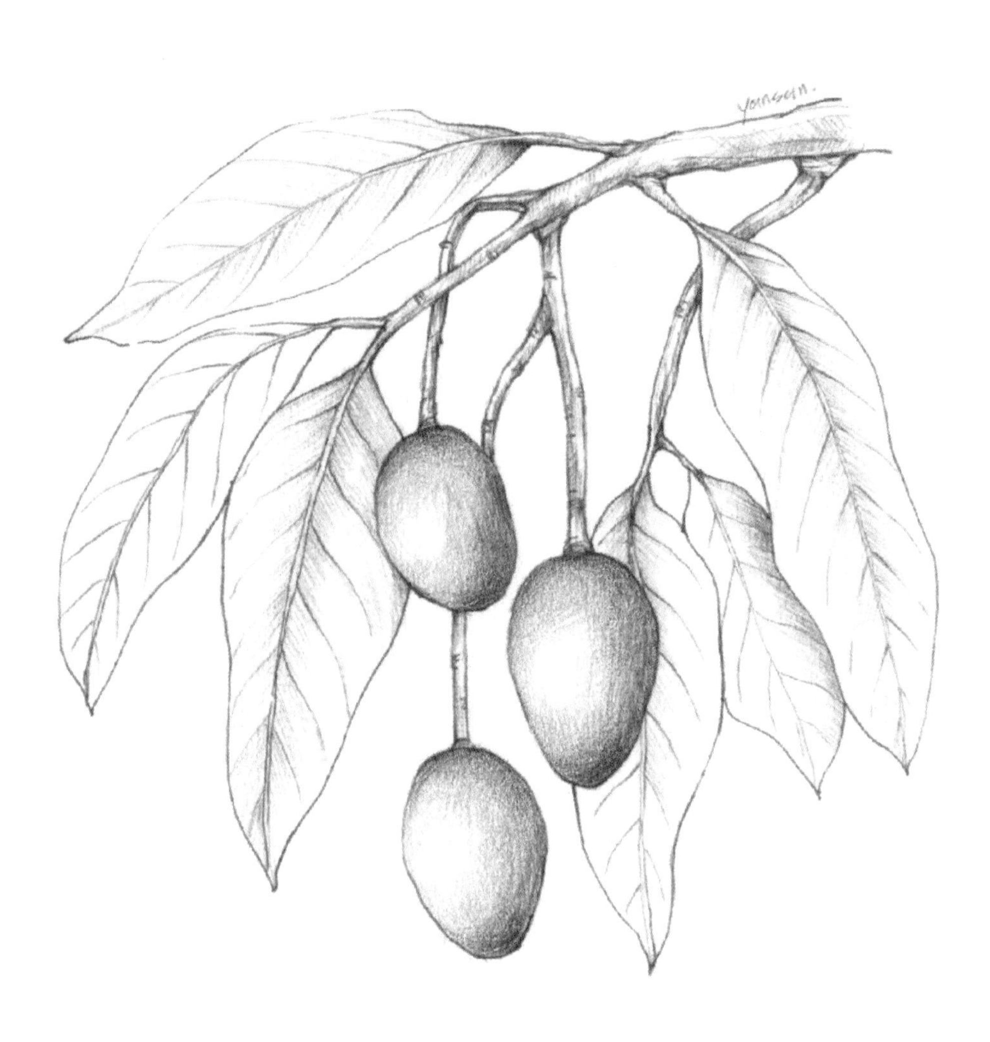

학명: *Eugenia jambolana*
과명: 도금양과(Myrtaceae)
영명: Jambul, Java plum, Jambolan, Indian allspice, Jaman
이명: Jambu(산스크리스트), Jambu(구자라트), Jamun(힌디)

원산지는 남부 아시아로 인도와 동남아시아 광범위하게 분포되어 있는 반낙엽성 나무로 높이는 10~15m이다. 인도의 델리 중앙에는 이 나무가 죽 늘어져 장관을 이루고 있으며 인도에서는 매우 흔히 볼 수 있는 나무로 특히 강바닥과 인접한 곳에서 많이 자란다. 아래로 드리워진 가지에 잎이 짙푸르게 무성하여 나무 그늘을 제공하기 때문에 가로수로도 이용된다.

잎은 마주나기로 나오며, 줄기의 직경이 75cm 정도로 4~5월경에 흰색에 녹색 빛의 꽃이 피고, 열매는 7월경에 흑자색 체리인 장과가 달리는데 이 과일은 그대로 먹으면 떫은 맛과 신맛이 강하지만 소금에 섞어 먹으면 맛이 있다.

나무껍질은 탄닌을 함유하고 있어 가죽 손질이나 염색에 대량으로 사용되고 있다.
식초나 와인을 만들기도 하며 잼을 만들기도 하는데 약리학적으로나 민속 의학에서도 인정을 받는 식물이다.

경전 속의 염부수

1) 염부수(閻浮樹)아래의 정관(靜觀)과 사문유관(四門遊觀)이야기

싯다르타 태자는 어느 날 봄의 들녘을 산책하였다. 그는 나무 아래 멀리 보이는 경관을 응시하고 있었다. 농부는 밭이랑을 고르고 있었고 아름다운 산새들의 지저귐이 귓가에 따가웠다. 그때 태자의 눈에 띈 것은 벌레의 괴로워하는 모습이었다. 농부의 연장에 찍혀 아직 숨이 끊어지지 않은 채 몸부림치며 꿈틀거리는 것이었다. 그 순간 참새가 날아들어 그 벌레를 입에 채어 창공을 나른다. 그것도 일순간 또 큰 독수리가 달려들어 그 참새를 덮쳐서는 어디론가 날아가는 것이었다. 일순 태자는 형언할 길 없는 연민의 감정을 떨칠 수가 없었다. 아름답고 평화롭게만 보이던 이 자연에는 냉혹한 현실이 있었다.

또한, 거친 손과 햇볕에 그을린 농부, 이 농부의 채찍에 시달리며 끊임없는 노동을 감수해야 하는 소 등 생명의 실상을 측은히 여기게 되었다.

이런 생에 대해 태자는 큰 나무 아래에서 깊은 사색에 잠긴다. 그 큰 나무가 바로 염부수이며, 이를 일러 “염부수(閻浮樹)아래의 정관(靜觀)”이라 한다.

여러 생명들이 당하는 고통이 곧 자신의 슬픔인 양 느껴진 태자는 끝없는 자비의 상념으로 자신만의 세계를 구축해 가고 있었고 언젠가는 저 괴로운 생명들을 진실한 행복의 길로 인도하리라고 다짐하기에 이른다.

어느 날 태자는 성문 밖으로 나가 백성들의 생활을 구경하게 되었다. 동문(東門)에서는 허리가 굽은 백발의 노인을 보고는 인간은 누구나 그처럼 늙는 것임을 알았고, 서문(西門)에서는 죽은 사람의 장례행렬을 보고 누구나 반드시 죽는다는 사실을 뼈저리게 느꼈으며, 남문(南門)에서는 고통에 신음하는 병자를 보고 병고에 시달려야 하는 인생의 괴로움을 알았다. 그러나, 북문(北門)에서는 출가한 수행자를 만나 생로병사의 고(苦)에서 완전히 벗어난 해탈의 길이 있음을 듣고 기뻐하여 마침내 출가를 결심하기에 이르렀는데 이를 사문유관(四門遊觀)또는 사문출유(四門出遊)이라 한다. 샷다르타 태자의 출가와 관련된 전기는 『수행온기경』, 『불본행집경』 등 경전에 따라 차이가 있다.

또한 잠부나무에 관해서는, 어느 날 석가가족의 부왕과 싯다르타 왕자가 농사를 참관하러 갔는데 왕자가 염부수나무 그늘 아래서 쉬다가 무아경에 빠져들었고 한참이 지나 다른 나무들의 그늘은 다 옮겨갔지만 염부수 그늘은 여전히 왕자를 가려주고 있었고 이를 본 부왕은 불가사의한 일을 직접 목격하고는 자식인 왕자 앞에 꿇어 엎드려 예배를 올렸다는 이야기도 전한다.

1) 불본행집경(佛本行集景)

제25권 29. 정진고행품(精進苦行品)

또 이런 생각을 하였다. "내 생각하건대 지난 날 부왕의 궁내에 있으며 밭가는 것을 보았을 때 한 서늘한 염부수 그늘을 만나면서 그늘 밑에 앉아 모든 욕으로 물든 마음을 버리고 일체 착하지 않은 법을 싫어하고 분별하는…"

제41권 44. 가섭삼형제품(迦葉三兄弟品)

부처님은 우루빈라 가섭에게 이르셨다. "어진 가섭이여, 그대는 먼저 가라. 내 곧 뒤따라가리라." 그리고 부처님은 우루빈라 가섭을 보내고 나서 곧 신통을 타고 수미산을 행하셨다. 그때 그 산에는 염부수가 있었다. 그 염부수 나무를 인연한 까닭에 염부제란 이름을 얻게 되었다. 그 나무 위의 과일을 따 가지고 먼저 우루빈라 가섭의 처소에 이르러 화신당(火神堂) 안에 단정히 앉으셨다.

우루빈라 가섭이 뒤에 와서 부처님이 화신당 안에 앉으신 것을 보고 놀랍고 괴이하여 부처님께 아뢰었다.

"대덕 사문이시여, 당신은 어느 길을 따라 이리 오셨나이까. 당신은 본래 숲에서 나보다 늦게 떠났는데, 지금 어떻게 문득 저보다 먼저 오셔서 이 화신당 가운데 편안히 앉으셨습니까."

그때 부처님은 가섭에게 이르셨다.

"가섭이여, 나는 먼저 그대를 보내고 수미산에 이르렀더니, 염부수라 하는 한 나무가 있는데 그 나무로 인하여 지금 염부제라고 이름하느니라. 그 나무 위의 과일을 지금 가져다가 이 안에 두었노라." 하고 가섭에게 가리켜 보이며, "그 염부나무 과일은 곧 이것이니 모양이 묘하고 향기와 맛이 미묘하여 먹기에 매우 맛나니 그대는 지금 이 과일을 먹으라."

그때 가섭은 부처님께 아뢰었다.

"대덕 사문이시여, 그것은 그렇지 않습니다. 당신께서 스스로 이 감미로운 과일을 드소서. 저는 먹을 수 없나이다."

그때 우루빈라 가섭은 마음으로 이런 생각을 하였다.

'이 큰 사문은 크게 신통이 있고 크게 위력이 있어 이에 나를 먼저 보내고 나서 그 몸이 스스로 수미산에 가서 염부수 과일을 따 가지고 이 화신당에 먼저 와 앉았다. 비록 그러나 오히려 지금의 나처럼 아라한과를 얻지는 못하였으리라.' 이 때 부처님은 우루빈라 가섭의 처소에서 공양을 드신 뒤에 다시 그 숲에 돌아가 경행하셨다.

우루빈라 가섭은 그 밤이 지난 뒤 아침이 되자 부처님처소에 나아가 부처님께 아뢰었다.

"대덕 세존이시여, 공양할 준비가 다 된 줄 아뢰나이다."

부처님은 가섭에게 이르셨다."가섭이여, 그대는 또 먼저 가라. 내 뒤따라가리라." 부처님은 그 가섭을 먼저 보내고 나서 곧 다시 수미산에 가셔서 염부수 나무와 멀리 떨어지지 않은 암바라 나무에서 암바라 과일을 하나 따 가지고 먼저 가섭의 처소에 이르러 화신당 안에 앉으셨다.

불본행집경(佛本行集景) – 제49권

또 여러 가지 과일 나무가 있었으니 이른바 암파라나무 · 염부(閻浮)과일나무 · 구사과일나무 · 파나파 나무 · 진두가 나무 · 하리륵 나무 · 비혜륵 나무 · 암파륵 나무 등 이와 같은 갖가지 과일 나무들이 있는데 그 나무들에서 나는 과일들은 어느 것은 아직 익지 않았고 어느 것은 익었고 어느 것은 한창 익어서 먹음직스럽고 어떤 것은 너무 익어서 떨어지기도 하였으며 어떤 것은 꽃망울이 진 것 등 이와 같은 갖가지 나무들이 있었다.

2) 증일아함경(增一阿含經) – 제15권 24. 고당품

"가섭아, 먼저 가거라. 내가 뒤따라가리라." 가섭이 떠나간 뒤에 세존께서는 곧 염부제(閻浮提) 경계에 가셔서 염부수(閻浮樹) 밑에서 염부(閻浮) 열매를 따 가지고 가섭의 돌집에 먼저 돌아와 앉아 계셨다.

3) 법화경 - 제17 분별공덕품. 제3장 믿으면 큰 이익을 얻는다

…또 이 사바세계의 땅이 푸른 보석으로 되어 있어 평탄하고 반듯하며, 염부나무 숲 속을 흐르는 강물 바닥에서 나오는 적황색에 자줏빛을 띠고 있는 가장 고귀한 황금으로 여덟 갈래 교차로를 경계하며, 보배 나무가 늘어서 있고 모든…

4) 대방광삼계경(大方廣三戒經)

이때 그 산에는 울창한 숲이 조밀하나 부러진 가지가 없었다. 그리고 온갖 나무들이 많았으니, …가니가나무 · 암바라나무 · 염부(閻浮)나무 · 모과나무 · 포도나무 · 복숭아나무 · 살구나무 · 배나무 · 내바나무 · 융가나무 · 호두나무 · 안석나무 · 석류나무 · 진두가나무… 등 이런 나무들이 다 갖추어져 있었다.

5) 아함경 - 제8권 4. 미증유법품

저는 들었습니다. 어느 때 세존께서는 아버지 정반왕의 집에 계시면서 밭농사를 감독하시다가 염부나무 밑에 앉으시어, 욕심을 여의시고 악하고 착하지 않은 법을 여의어, 각(覺)도 있고 관(觀)도 있으며, 여의는 데서 생겨나는 기쁨과 즐거움이 있는 초선을 얻어 노니셨습니다. 그때는 한낮이 좀 지난 때라서 다른 모든 나무 그림자는 다 옮겨갔으나 오직 염부나무 그림자만은 그 그늘이 세존의 몸에서 더 나아가지 않았습니다.

6) 미린다왕문경 – 논란 5. 부처님의 지도 이념(일체중생을 이롭게 함)

"대왕이여, 부처님은 법문을 설할 때, 좋아하고 싫어하는 감정을 완전히 떠나서 설합니다. 부처님이 이같이 법문을 설할 때 바르게 받아들이는 사람은 진리를 깨닫지만 법문을 잘못 받아들이는 사람은 불행한 상태에 떨어집니다. 어떤 사람이 망고나무나 염부나무나 마도카 나무를 흔들 때, 꼭지가 단단하게 붙어 있는 과일은 떨어지지 않지만 꼭지가 썩어서 단단히 붙어 있지 못한 과일은 떨어질 것입니다.…"

벨레릭/비혜륵毘醯勒

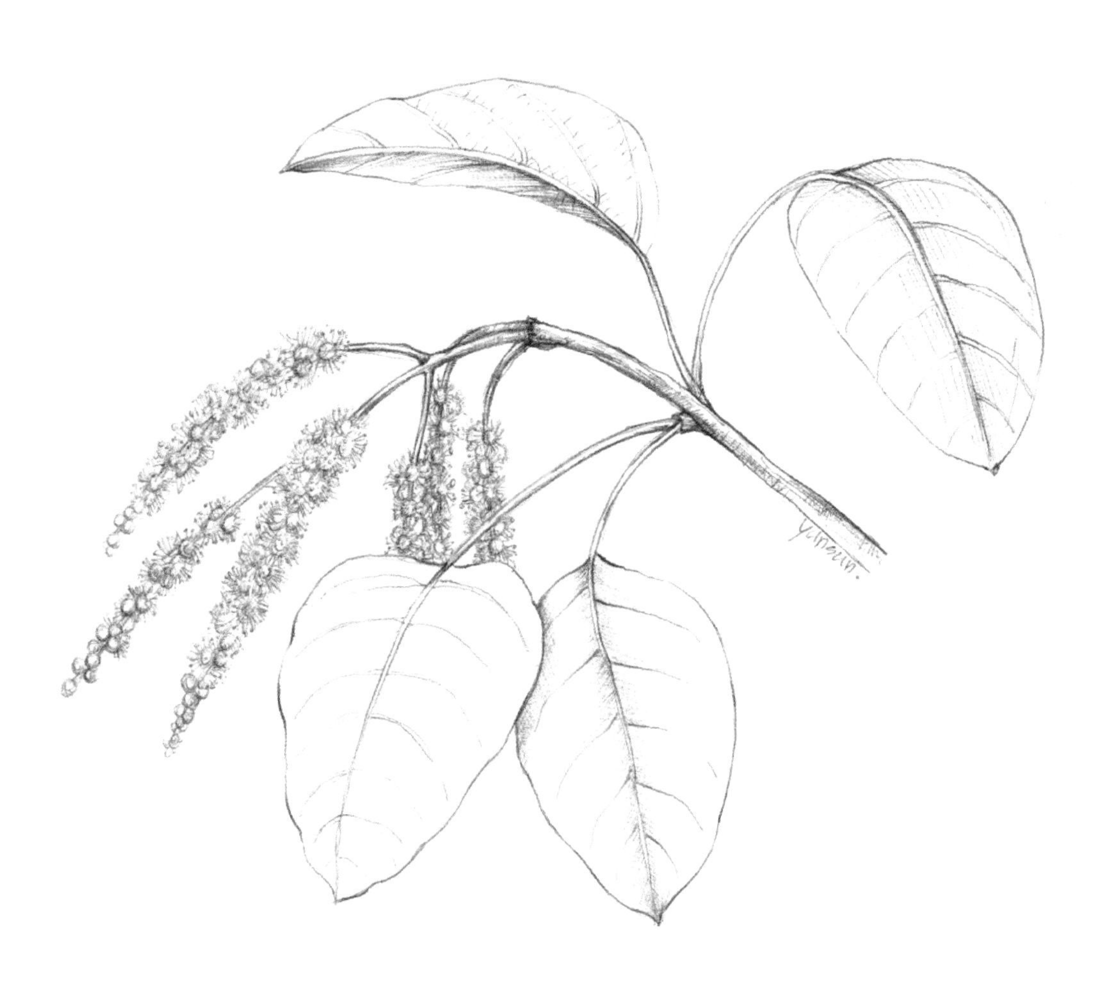

학명: *Terminalia bellirica*
과명: 사군자과(Combretaceae)
영명: Beleric, Beleric myrobalan, Terminalia bellirica, Baehra
이명: Bhaira, Bahera(힌디), 세이타까 미로배란, Vibitaki, Bibhitaki(산스크리트)

비혜륵은 인도에서 자라는 열대성 낙엽교목으로 건기에는 잎을 떨어뜨리고 휴면에 들어간다. 온대성 낙엽수가 겨울에 잎을 떨어뜨리는 데 비해 열대성 낙엽수는 계절과 관계없이 건조기에 휴면에 들어가기 때문에 하면(夏眠)이라 하는데 비혜륵이 바로 하면을 하는 낙엽활엽수이다.

인도 서부의 건조 지역을 제외한 대륙 전역에 자생하며 스리랑카, 말레이시아, 태국 등 인도차이나 반도와 필리핀에서도 자란다. 도시의 가로수로도 심으며 조건이 좋은 곳에서는 30m가 넘는 거목이 되어 웅장한 모습을 보이기도 한다.

타원형 잎은 길이 10~15cm이고 긴 잎자루가 있다. 당년에 새로 자란 가지의 잎겨드랑이에 긴 꼬리 모양의 꽃차례가 하나씩 달린다. 꽃잎은 너무 작아서 잘 보이지 않고 대신 긴 수술이 무수히 많다. 꽃이 화려한 나무가 아니더라도 향기가 매우 좋아 인도인들이 즐겨 심는 나무이다.

이 나무는 아유르베다는 물론 인도 신화에 깊은 뿌리를 두고 있으며, 인도 및 주변 국가들에서 여러 가지 질병을 치료하는 데 사용되어 왔다. 비히타키라는 이름 자체가 이 식물을 계속 상용하면 건강하고 모든 질병으로부터 자유롭게 한다는 것을 뜻하는 것처럼 간, 심장, 기관지 질병 등에 널리 쓰인다.

열매는 겨울에 겉이 딱딱하게 익으며 타원형 씨에 5~6개의 능선이 생기고 긴 육면체가 된다. 이 육면체의 각 면마다 1에서 6까지 수를 새겨 주사위 놀이에 쓰며 고대 인도인들은 비혜륵 열매를 굴려 나오는 숫자에 돈을 걸고 내기를 하기도 했다.

열매에는 오일이 35%, 단백질이 40%가량 함유되어 있는데, 가자(haritaki, 가리륵), 아말라키(amalaki, 아마륵)와 함께 아유르베다 의서에서의 트리팔라에 들어가는 세 가지 열매 중 하나이다.

목재는 결이 물러서 건축재로는 쓸 수 없고 가볍고 다루기는 쉬워 주로 내장용 합판을 만들지만 벌레에 약하기 때문에 내구성이 떨어지고 포장용 상자나 제지 원료로 쓴다.

경전 속의 비혜륵

1) 중아함경 제31권

그리고 구뢰바왕은 사냥꾼에게 말하였다. "너는 가서 유로타숲을 살펴보아라. 나는 사냥하러 나가리라." 사냥꾼은 분부를 받고 곧 유로타 숲을 살펴보았고, 거기서 존자 뇌타화라가 비혜륵 나무 밑에서 니사단을 펴고 결가부좌하고 있는 것을 보고 곧 이렇게 생각하였다.

'구뢰바왕과 여러 신하들이 정전에 같이 앉아 찬탄하던 그 사람이 지금 이미 여기에 있었구나.' 그때 사냥꾼은 유로타숲을 살펴본 뒤에 돌아와 구뢰바왕에게 가서 아뢰었다.

"대왕이여, 마땅히 아셔야 합니다. 저는 대왕의 뜻에 따라 유로타숲을 살펴보고 왔습니다. 대왕께서는 일전에 여러 신하들과 정전에 같이 앉아 이렇게 존자 뇌타화라를 찬탄하셨습니다. '만일 뇌타화라 존자가 이 유로타에 온다는 소식을 들으면 내가 꼭 가서 뵐 것이다.' 바로 그 존자 뇌타화라 존자가 지금 유로타 숲 속 비혜륵나무 밑에서 니사단을 펴고 결가부좌하고 계십니다. 대왕이여, 보고 싶으시면 곧 가시지요."

2) 대방광삼계경(大方廣三戒經)

이 모든 중생들은 부처님의 힘에 의해 탐욕 · 분노 · 우치의 괴롭힘을 받지 않으므로, 서로 잡아먹지 않고 서로 친애하되 마치 모자(母子) 사이 같았다. 이때 그 산에는 울창한 숲이 조밀하나 부러진 가지가 없었다. 그리고 온갖 나무들이 많았으니, 이른바 천목나무…가리륵나무 · 가마륵나무 · 비혜륵(毘醯勒)나무 · …모과나무 · 포도나무 · 복숭아나무 · 살구나무 · 배나무… 등 이런 나무들이 다 갖추어져 있었다.

3) 불본행집경 제49권

또 여러 가지 과일 나무가 있었으니 이른바 …진두가 나무…비혜륵(毘醯勒)나무 · 암파륵 나무 등 이와 같은 갖가지 과일 나무들이 있는데 그 나무들에서 나는 과일들은 어느 것은 아직 익지 않았고 어느 것은 익었고 어느 것은 한창 익어서 먹음직스럽고 어떤 것은 너무 익어서 떨어지기도 하였으며 어떤 것은 꽃망울이 진 것 등 이와 같은 갖가지 나무들이 있었다.

4) 비니모경

한 비구가 병이 나서 아리륵을 먹어야 하였기에 모든 비구들이 부처님께 아뢰었다. 부처님께서는 곧 아리륵, 비혜륵, 아마륵의 세 과(菓)를 먹도록 허락하셨다. 병의 인연에 따라 차도가 없다면 나올 때까지 그것을 먹도록 하였다.

또 어느 때에 비사거륵모(毘舍佉鹿母)가 밖에서 과일을 얻어 왔다. 이 과일이 달고 보기도 좋아 감히 혼자 먹을 수가 없었기에, 곧 부처님과 스님들을 청하여 식사를 베풀어 또 겸하여 과일을 부처님과 스님들을 공양하고자 하였으나, 이미 부처님과 스님들은 식사를 하고 가셨다.

가자나무/가리륵訶梨勒

학명: *Terminalia chebula*
과명: 사군자과(combretaceae)
영명: Black Myrobalan, Chebulic Myrobalan, Ink Nut, Indian Gall-Nut
이명: 가자(訶字)나무, 가려륵(訶黎勒), Bhaya, Abhayaa, Bhisakpriya, Bhishak-Priya, Haritaki, Pathya, Sivaa, Sudha, Vayastha(산스크리트), Haritaki, Harra(인디), Haritaki, Haritakii, Hora(뱅갈), Ahlilaj Asfar, Halilaja(Arabic), 장청과

사군자과의 낙엽교목으로 가려륵(訶黎勒)이라고도 한다. 중국의학에서 언급된 것은 1061년이며, 티벳 의학에서는 '약 가운데 왕'이라 지칭하며 인간의 여러 가지 고통을 덜어준다 하여 불화에서 부처님의 손 안에 이 열매를 그리기도 한다. 인도 북부와 미얀마가 원산지이고 인도, 중국, 인도차이나 등지에 분포한다.

높이 15~30m이고, 잎은 긴 타원형으로 마주나며 끝이 뾰족하다. 6~8월에 황백색의 꽃이 수상꽃차례로 피며 열매를 가자(訶字)라 하는데 치자(梔子)와 비슷하게 여섯 모가 진 갈색의 핵과(核果)로 초가을에 익는데, 난형이며 길이 25~30mm, 지름 15~25mm이다.

과즙에서는 황색의 염료를 추출하는데, 이것을 미로발란(myrobalan)이라 하고, 광목을 검게 염색하거나 가죽을 무두질하는 데 이용한다. 재목은 가구를 만드는 데에 쓴다.

아유르베다 의학에서도 매우 중요하게 다루어지는 식물로서, 맛은 쓰고 시고 떫으며 짜고 달고 성질은 따뜻하여, 아유르베다의 6가지 맛 중 다섯 가지를 포

함하고 있는데 그중 특히 쓴맛을 지니고 있다.

가자는 인도에서 널리 사용되는 약재인 트리팔라(Triphala)의 성분 중 하나로서 세 가지 열매 중 하제로서의 효능이 가장 강한 것으로 알려져 있다. 열매, 잎, 줄기를 모두 약재로 이용하나, 주로 가을에 성숙한 과실을 채취하여 말린다.

한방에서 가자는 장청과라 하여 인후염, 폐렴 등에 쓰는데, 얼굴과 가슴에 있는 기를 내리며, 오래된 담을 삭히고, 소화를 돕고, 설사를 멎게 한다. 열매를 그대로 복용하거나, 밀기울에 볶거나 술에 담갔다가 쪄서 살만 발라 약한 불에 말려 쓰기도 한다.

경전 속의 가자나무

1) 보살 본연경

"…이런 말은 전도되고 허망한 말이어서 이치에 맞지 않는다. 왜냐 하면 내가 일찍이 가리륵(呵梨勒)나무에서 사탕수수가 나고, 측간의 변 속에서 깨끗한 연꽃이 피어나고, 순수한 금이 구리나 쇠로 변하고 신심 있는 단월(檀越)이 지옥의 고통을 받는 것을 못 보았기 때문이다. 이 말은 전도되었으니 틀림없는 마군의 말이

다." 곧 이렇게 말하였다. "훌륭하다. 능히 이와 같은 공덕을 잘 분별하였구나. 그러나 너는 이미 나에게 섭취(攝取)되었느니라."

2) 대방광삼계경(大方廣三戒經) – 상권

이때 그 산에는 울창한 숲이 조밀하나 부러진 가지가 없었다. 그리고 온갖 나무들이 많았으니, 이른바 …가리륵(呵梨勒)나무 · 가마륵나무 · 비혜륵나무 · 다라나무 · 가니가나무 · 암바라나무 · 염부나무 · 모과나무…등 이런 나무들이 다 갖추어져 있었다.

3) 열반경 24

소금의 성질이 짜기 때문에 다른 것을 짜게 자며, 사탕의 성질이 달기 때문에 다른 것을 달게 하며, 초의 성질이 시기 때문에 다른 것을 시어지게 하며, 새앙의 성질이 맵기 때문에 다른 것을 맵게 하며, 가리륵(呵梨勒)의 성질이 쓰기 때문에 다른 것을 쓰게 하며, 암라 열매의 성질이 담백하기 때문에 다른 것을 담백하게 하며, 독약의 성질이 해치기 때문에 다른 것을 해롭게 하며, 감로의 성질은 사람을 죽지 않게 하며, 다른 물건에 섞어도 죽지 않게 하느니라. 보살이 공을 닦음도 그와 같아서 공함을 닦는 까닭으로 모든 법의 성품이 공적한 것을 보느니라."

열반경 31

"선남자여, 중생의 불성이 현재에는 비록 없으나, 없다고 말하지 못할 것이, 마치 허공의 성품이 비록 현재함이 없으나, 없다고 말하지 못하는 것과 같으니

라. …중략…그대가 말하는 바와 같이 일천제들도 선한 법이 있다고 함은 뜻이 그렇지 아니하니, 왜냐 하면 일천제들에게 만일 몸으로 짓는 업 · 입으로 짓는 업 · 마음으로 짓는 업 · 취하는 업 · 구하는 업 · 베푸는 업 · 아는 업이 있다면, 이런 업은 모두 삿된 업이니, 왜냐 하면 인과를 구하지 않기 때문이니라. 선남자여, 마치 가리륵(呵梨勒) 열매는 뿌리, 줄기, 가지, 잎, 꽃, 열매가 모두 쓴 것과 같이 일천제의 업도 그와 같으니라.

4) 밀린다왕문경

"출가자는 출가 생활에 있어서 열여섯 가지 장애를 간파하고 머리털과 수염을 깎는단다. 열여섯 가지 장애란, 몸을 장식하는 장애 · 아름답게 화장하는 장애 · 기름을 바르는 장애 · 머리를 감는 장애 · 꽃 장식을 다는 장애 · 향료를 쓰는 장애 · 향을 바르는 장애 · 가리륵의 마른 열매처럼 되는 장애 · 아마로크의 마른 열매처럼 되는 장애…"

인도감나무/진두가鎭頭迦

학명: *Diospyros malabarica*
과명: 감나무과(Ebenaceae)
영명: Indian Persimmon, Pale Moon Ebony, Black-and-White Ebony, Gaub Tree, Mountain Ebony.
이명: Tinduka(산스크리트), GabhTedu(힌디), Tumbika(타밀), Panachi, Pananji, Panacha(말레이)

인도의 벵갈 지방에 특히 이 나무가 많기 때문에 인도감 또는 벵갈감이라고도 부르는데, 그 종류도 많고 여러 가지 원예 품종도 있다. 넓은 의미의 진두가는 태국, 자바, 말레이지아, 세레베스 섬에도 자생하지만 인도의 진두가와는 다른 종이다.

진두가는 인도 대륙 서해안 지역과 동인도, 스리랑카의 열대 해안 지역에 널리 분포하는 상록활엽 아교목으로 나무 높이는 6~10m 정도이고 옆으로 많은 가지가 벌어진다. 여름철 우기가 시작되기 직전에 묵은 잎 사이에서 새싹이 돋아나 작은 꽃이 다닥다닥 붙는다.

잎의 길이는 10~23cm이며, 껍질의 색이 매우 곱다. 과실은 직경4~6cm인데, 풋과일은 떫은맛이 강해 염색용으로만 이용하고, 익으면 황색으로 변하면서 단맛이 나서 식용이 가능해지는데, 과육 속에는 감의 씨와 비슷한 씨가 4~8개 있다. 열매의 크기는 작지만 맛이 좋아 인도에서 정원에 즐겨 심는다.

열대성 감나무들은 종류가 대단히 많아서 약 200여 종이 이른다. 감나무류는 목재가 단단해서 갖가지 공예품을 만들거나 가구를 짜는데, 진두가 역시 목재의 결이 곱고 단단하여 가구, 건축재, 선박 건조용으로 쓰인다.

목재로 쓰이는 감나무 중에 심재가 검은색을 띠면 흑단(黑檀), 보라색을 띠는 것을 자단(紫檀)이라 하여 최고급 공예재로 쓴다. 인도에서는 목재를 에보니(Ebony), 세이론 에보니(Ceylon ebony), 마르베 우드(Marbee wood)라 한다.

아유르베다 의서에 의하면 인도감나무는 피부 감염 등으로 인한 작열감, 발열, 설사와 이질, 당뇨와 요로 감염에도 효과가 있는 것으로 알려져 있는데, 사용되는 부분은 나무껍질과 잎, 꽃, 과실 등이다.

아유르베다(Ayurveda) 의학

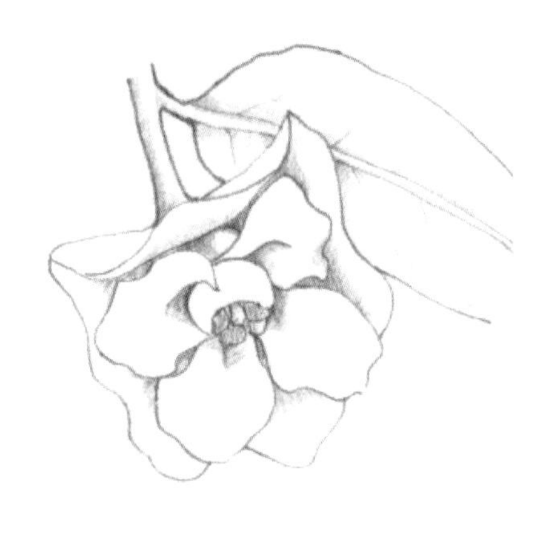

아유르베다란 인도의 전승의학(傳承醫學)으로, 아유르는 '장수', 베다는 '지식'이라는 뜻으로 생명(건강)과학을 의미한다. 아유르베다란 산스크리트어로 '생명의 과학'이라는 뜻으로서, 중국의 전통의학이 한국과 일본 쪽으로 전파되어 영향을 미친 것처럼, 인도를 중심으로 파키스탄, 네팔, 스리랑카, 티베트, 말레이시아 등지에 영향을 미친 4,000년 역사의 전통의학체계이다.

아유르베다에서는 인체의 기본 요소가 불균형을 이루어 조화가 깨진 상태에서 질병이 발생한다고 보고 바른 식생활, 긍정적인 마음, 적절한 운동, 신선한 공기와 햇볕 등의 환경을 이용하여 균형을 되찾는 것을 중요시한다.

아유르베다는 질병의 예방과 치료, 건강과 장수의 방법으로 요가와 자연 식이요법, 오일마사지, 약물요법 등을 처방하는 총체적인 의학 체계로 오늘날 인도에서는 100개가 넘는 5년제 대학에서 이에 대한 교육과 연구가 이루어지고 있다.

아유르베다도 한의학의 '사상체질'처럼 몇 가지 체질로 나누어 체질에 맞는 치료법을 적용한다. 즉 한의학에서 체질을 태양인, 태음인, 소양인, 소음인 등 4가지로 구분한듯이 아유르베다에서는 바타(vata), 피타(pitta), 카파(kapha)라는 3가지 체질로 구분하여 치료하는 것이다.

경전 속의 진두가

불교 경전에는 단맛이 있어 먹을 수 있는 진두가와, 진두가와 열매와 외형이 비슷해 눈으로는 구분이 다소 힘든 가라가(迦羅迦)라는 독이 있는 나무가 있음을 들어, 진리를 찾는 수행자는 진짜와 가짜를 구분하는 눈을 길러야 한다는 점을 강조하고 있고, 진짜와 가짜는 언제나 함께 있기 때문에 가려내기가 힘들다는 점을 상징적으로 인용하고 있다.

1) 대열반경 – 제6권 네 군데 의지함(四依品)

또 어떤 가라가(迦羅迦) 숲에 많은 나무 가운데서 진두가(鎭頭迦)나무가 한 그루 있었다. 가라가 열매와 진두가 열매는 비슷하여서 분별하기 어려운데, 그 열매가 익었을 적에 어떤 여인이 그 열매를 따서 모았으나, 진두가 열매는 1분밖에 안 되고 가라가 열매는 10분이었다. 그 여자가 어느 열매인지 알지 못하고 저자에 가지고 가서 팔았다.

…사람들이 그 말을 듣고 말하기를 '그곳에는 많은 가라가 나무와 한 그루의

진두가나무가 있다'고 하면서 웃고 가버렸다. 선남자야, 대중 가운데 여덟 가지 부정한 법도 그와 같아서, 그중에는 여덟 가지 부정한 법을 받는 이가 많고, 다만 한 사람만이 계행을 깨끗하게 가지고 여덟 가지 부정한 법을 받지 아니하면서, 다른 이들이 법답지 못한 것을 받아 두는 줄을 알지만, 함께 일을 하면서 버리고 떠나지 아니한 것이, 마치 가라가 숲 가운데 한 그루의 진두가나무가 있는 것과 같으니라.

2) 대방광삼계경(大方廣三戒經)

…이때 그 산에는 울창한 숲이 조밀하나 부러진 가지가 없었다. …석류나무 · j진두가(鎭頭迦)나무 · 니구라나무 · 소나무 · 잣나무 · 예장나무 · 파사나무 · 훈륙나무 · 전난나무 · 침수나무 · 소합나무 등 이런 나무들이 다 갖추어져 있었다.… 이런 온갖 꽃이 그 땅에 깔려 그 산을 빛내고 장식했다. 또 물꽃으로서 푸르고 누르고 빨갛고 하얀 잡색 연꽃이 다 구족되어 있었다.

3) 불본행집경 – 제49권

또 온갖 향기로운 꽃나무가 그 숲에 가득 자라 있었는데 그 꽃나무의 이름은 이른바 아제목다가…또 여러 가지 과일 나무가 있었으니 이른바 …파나파나무 · 진두가(鎭頭迦) 나무 · 하리륵나무 · 비혜륵나무 · 암파륵나무 등 이와 같은 갖가지 과일 나무들이 있는데…

4) 대반니원경 – 사의품

과수원에는 두 가지의 과일나무가 자란다. 하나는 가라가(迦羅迦)이고 다른 한 나무는 진두가(鎭頭迦)이다. 두 가지 나무는 잎과 꽃이 비슷하고 열매까지도 서로 닮았다. 진두가는 맛이 달지만 한 그루밖에 없다. 그러나 쓴 열매가 달리는 가라가 나무는 많다.

농장의 일꾼이 진두가 열매의 맛만 보고 가라가까지 한꺼번에 따서 시장에 내다 팔았다. 많은 사람들이 독이 들어 있는 가라가를 사먹고 복통을 호소했다. 마침 그곳을 지나는 어떤 사람이 가라가와 진두가가 섞여 있는 것을 알고 가라가를 모두 버리게 했다.

안식향나무安息香

학명: *Styrax benzoin*
과명: 때죽나무과(Styracaceae)
영명: Siam Benzoin, Drug Snowbell, Storax
이명: 拙貝羅香(졸패나향), 息香(식향), 水安息(수안식), 찬향, 안식향지, 쇄사, 안위향, 안실향, 익궤, 패라향

말레이시아가 원산지이며 높이는 25m에 달하고, 나무껍질은 검은빛이 강한 갈색이며 나무껍질의 상처에서 흘러나온 유액이 굳은 것을 안식향이라고 하는데, 안식향의 채취는 같은 나무에서 8~12년 동안 계속할 수 있고 이것으로 벤조산(안식향산)을 만든다. 벤조산은 가장 간단한 방향족 카복실산의 하나로 무색의 결정성 고체이다. 방부제의 일종으로 간장에 쓰이며, 매염제로도 사용한다.

잎은 어긋나고 긴 타원 모양이며 길이가 10cm이고 가장자리에 톱니가 있다. 꽃은 때죽나무의 꽃과 비슷하게 생겼고 향기가 있다. 수술은 10개이고 수술대의 밑부분이 붙어서 통 모양이며 씨방을 둘러싼다. 열매는 둥글고 벌어지지 않는다.

수마트라 안식향(*S. smatrana*)에서 채취한 안식향은 질이 좋지 않으나, 통킨 안식향(S. tonkinensis)에서 채취한 안식향은 안식향나무에서 채취한 것과 거의 같다. 우리나라에서는 때죽나무과의 소문답랍안식향(*S. benzoin*: 蘇門答臘安息香) 또는 동속 식물에서 얻은 수지를 말한다. 일본에서는 우리나라와 같으며 중국에서는 월남안식향(*S. tonkinensis*: 越南安息香) 나무를 말한다.

안식향은 나쁜 기운을 물리치고 모든 사기를 편안하게 진정시키기 때문에 붙여진 이름으로 인도에서는 패라향(貝羅香)이라고 한다.
급성 심통과 복통, 관절통에 효과가 있으며 맵고 쓴맛이 있고 독성은 없다.

향으로서는 긴장과 스트레스 완화에 좋으며, 폐와 기관지에 좋고 소화에 도움을 주기도 한다. 다만, 이 향은 졸음이 오기도 하므로 집중력을 요할 때는 사용을 피하는 것이 좋다.

경전 속의 안식향나무

1) 대무량수경

아난이여, 저 정토에는 여러 강이 흐르고 있다. 그 모든 큰 강의 양쪽 언덕에는 갖가지의 향기 있는 보석나무가 잇달아 나있으며, 그 나무에서 각종의 큰 가지와 잎, 꽃다발이 밑으로 드리워져 있다. 또, 그 모든 강에는 천상의 따말라나무 잎이나 아가루나 안식향이나 따가라 그리고 우라가사라짠다나라는 최고의 향기가 나는 꿀이 철철 넘쳐흐르고, 천상의 홍련화 · 황련화 · 벽련화 · 훌륭한 향의 연화 같은…

재스민/말리화茉莉花

학명: *Jasminum sambac*
과명: 물푸레나무과(Oleaceae)
영명: Arabian Jasmine, Asian Jasmine, Asiatic Jasmine, Pikake, Sacred Jasmine, Sambac Jasmine, Zambak, Jasmine
이명: Mo Li Hua(중국), Moghra, Motia(힌디), Sampaguita(필리핀), Maligai(타밀)

인도 원산으로 다년생이며 길이 50cm~150cm로 개화기는 6~9월이며 유명한 재스민차를 만드는 재료가 되는 꽃이다. 필리핀과 인도네시아의 국화(國花)이며 중국 · 타이완에서는 차(茶)의 향료나 향수의 원료로 사용하며 분포지역은 인도, 중국, 타이완, 필리핀, 인도네시아도 춥고 서늘한 지방에서는 온실에서 관상용으로 재배한다.

잎은 마주나거나 3개씩 돌려나고 타원형이거나 넓은 달걀 모양이다. 가장자리가 밋밋하고 끝이 뾰족하며 윤이 난다. 꽃은 봄부터 가을까지 피는데, 가지 끝에 3~12개씩 달리고 흰색이며 지름 2cm로서 향기가 강하며 씨뿌리기나 꺾꽂이로 번식시킨다.

재스민은 정신을 맑게 해주며 고기, 마늘 냄새 제거에 효과적이다. 달콤하면서도 상쾌한 향기는 고급향수의 원료로도 각광받고 있다. 꽃의 향기는 긴장을 해소시키는 효과와 살균작용이 있어 예로부터 중국에서는 모리화차(재스민차)로 꾸준히 사랑을 받아왔다.

타이에서는 이 꽃으로 화환을 만들어 꼭 염주처럼 해서 부처님 전에 공양하는 풍습이 있다. 자기 집에 부처님을 모신 단에 올리기 위해 시장에서 사기도 하지만 절 안에서는 반드시 부처님께 올리는 꽃으로 이 화환이 팔리고 있다. 남인도의 마이소르 주에서 왕성하게 재배되고 있는데 현지에서는 실로 가지런히 묶어 미터 단위로 잘라서 팔고 있다.

스리랑카 사람들은 아침저녁으로 하루도 빠지지 않고, 항상 집안에 모시고 있는 자그마한 불단에 언제나 꽃이 피고 있는 정원의 꽃을 꽃잎만 따다가 접시나 작은 꽃바구니에 올리거나 작고 투명한 그릇에 물을 담고, 꽃잎을 그곳에 띄우기도 하는데, 이때 쓰이는 꽃들은 항상 부처님께 올리기 위해 정원에 빠지지 않고 키우는 재스민 등을 올린다. 물론 어떤 꽃이든지 부처님께 올리지만 주로 향기로운 향이 나는 재스민은 거의 빠지지 않고 올린다. 이른 아침이나 저녁이 되면 아주 자그마한 꽃을 따는 바구니를 든 남녀노소를 어디서나 볼 수 있다.

차로서의 재스민은 피부에 탄력을 주는 성분과 생리불순, 산후고통 완화, 모유촉진, 스트레스성 위엄, 우울증 등 기분을 고양시켜 내분비계를 조절하는 효능을 지녔다. 피로를 해소하거나 마음이 불안정할 때 마시면 좋다.

생육 조건은, 햇볕이 잘 드는 양지가 좋지만 한여름의 오후 햇볕은 피하는 게 좋으며, 배수가 잘 되면서 수분을 간직하고 유기질이 풍부한 흙이 좋다. 파종도 가능하나 채종이 어려워 대부분 삽목으로 번식하며 꽃봉오리가 막 벌어질 때 채취한다.

말리화에는 'Maid of Orleans' 혹은 '*Nyctanthes sambac*'(Maid of Orleans, Arabian Jasmine, Hawaiian Pikake, Sumpa Kita) 와, 'Arabian Knights', '*Nyctanthes sambac*' (Arabian Knights tea jasmine, Arabian Nights)이 있

는데, 'Maid of Orleans'는 프랑스 향수인 "Multiplex"으로 유명하며 'Arabian Nights'는 겹꽃으로 그늘에서도 잘 견디며 보다 더디게 자라는 종류이다.

경전 속의 말리화

1) 법화경 – 제4장 법사공덕품(法師功德品)

수만나꽃 향기 · 사제화 향기 · 말리화 향기 · 첨복화 향기 · 바라라꽃 향기 · 적련화 향기 · 청련화 향기 · 백련화 향기 · 화수향 · 과수향 · 전단향 · 침수향 · 다마라발향 · 다가라향과 천만 가지 화합한 향 · 가루향 · 환 지은 향 · 바르는 향을 이 경전을 지니는 사람이 여기에 있으면서 모두 분별하여 맡느니라.

2) 법구경

부처님께서 말씀하시기를, "아난다야, 만약 삼보(부처, 가르침, 동아리)를 피난처(의지처)로 삼는 사람, 다섯 계율을 지키는 사람, 후덕하고 탐욕스럽지 않은 사람이 있다고 하자. 그런 사람이 진실로 덕이 있고, 찬양할 가치가 있다. 그런 덕망 있는 사람의 명성은 멀리, 널리 퍼진다. 그래서 비구와 바라문, 그리고 재가자가 하나같이 그를 칭송한다. 그가 어디에 살

건.” 그리고 부처님께서는 게송으로 다음과 같이 설법하셨다.

“꽃의 향기가 바람을 거스를 수는 없다. 백단나무의 향기도, 진달래의 향기도, 재스민의 향기도. 오로지 선한 사람의 명성만이 바람을 거스를 수 있다. 거룩한 이(聖人)의 명성은 온 세상에 퍼진다.

백단나무, 진달래, 연꽃과 재스민의 향이 있다. 그러나 덕의 향기는 모든 향기를 능가한다.”

마전자나무/가라가迦羅迦

학명: *Strychnos nux-vomica*
과명: 마전과(馬錢科) Loganiaceae / Strychnaceae
영명: Nux-Vomica Tree, Nux-vomica, Poison Nut, Snake-wood, Strychnine Tree, Quaker buttons
이명: 독진두가(毒鎭頭迦), 비사 틴두까(visa tinduka), 쿠라까(kulaka), Kachila, Kuchila, Thalkesur(뱅갈), Bailewa, Chibbenge, Kajra, Kuchla(힌디), Kuchla, Kupilu(산스크리트), Machin(일본), Eddikunchera, Kanchurai, Yetti(타밀)

인도 · 미얀마 · 오스트레일리아 북부 등지에 분포하는 낙엽교목이다. 진두가가 긴 타원형인데 비해 가라가는 둥글며 세로 엽맥 3줄이 뚜렷하여 쉽게 구분할 수 있다. 열매도 진두가는 꼭지가 있지만 가라가는 꼭지가 없다. 마전자나무의 종자를 마전자(馬錢子)라고 부르며 약용으로 사용한다.

높이가 10~13m이며 잎은 마주나고 달걀 모양으로 넓고 가장자리가 밋밋하고 윤기가 나며 털이 없고 주맥(主脈)이 3~5개이다. 꽃은 녹백색이며 열매는 둥글고 지름이 6~13cm이며 등적색으로 익는다. 과육(果肉)은 백색이고 3~5개의 종자가 들어 있다. 종자는 지름 15~25mm, 두께 4mm 정도의 원반형이고 다갈색이며 겉에 털이 밀생한다.

종자에 독성 알칼로이드인 스트리크닌(strychnine)과 브루신(brucine)이 있는데, 브루신과 스트리크닌은 그 구조는 거의 같으나, 모두 유독하며, 특히 스트리크닌의 맹독성이 유명하다. 질산염을 정량하거나 기타 세륨 등 금속을 정량 · 검출하는 데에 사용되며 극약이므로 쥐약을 만드는 데도 사용한다.

종자에서 독극물인 스트리키니네(strychnine)를 뽑아 의약품을 만든다. 인도의 원주민 중에는 종자에서 추출한 독을 화살촉에 묻혀 사냥에 쓰기도 한다.

경전 속의 가라가

1) 대반열반경 제6권 - 네 군데 의지함(四依品)

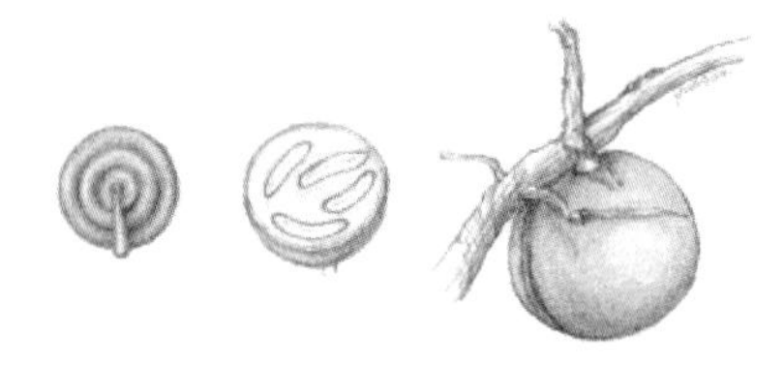

또 어떤 가라가(迦羅迦) 숲에 많은 나무 가운데서 진두가(鎭頭迦)나무가 한 그루 있었다. 가라가 열매와 진두가 열매는 비슷하여서 분별하기 어려운데, 그 열매가 익었을 적에 어떤 여인이 그 열매를 따서 모았으나, 진두가 열매는 1분밖에 안 되고 가라가 열매는 10분이었다. 그 여자가 어느 열매인지 알지 못하고 저자에 가지고 가서 팔았다.

~사람들이 그 말을 듣고 말하기를 "그곳에는 많은 가라가나무와 한 그루의 진두가나무가 있다"고 하면서 웃고 가버렸다. "선남자야, 대중 가운데 여덟 가지 부정한 법도 그와 같아서, 그중에는 여덟 가지 부정한 법을 받는 이가 많고, 다만 한사람만이 계행을 깨끗하게 가지고 여덟 가지 부정한 법을 받지 아니하면서, 다른 이들이 법답지 못한 것을 받아 두는 줄을 알지만, 함께 일을 하면서 버리고 떠나지 아니한 것이, 마치 가라가 숲 가운데 한 그루의 진두가나무가 있는 것과 같으니라"

따가라/삼우화三友花

학명: *Tabernaemontana coronaria*
과명: 협죽도과(Apocynaceae)
영명: Crape Jasmine, Carnation of India, East Indian Rosebay, Adam's Apple, Nero's Crown, Coffee Rose, Crepe Gardenia
이명: 삼우화(三友花)

인도북부에서 태국까지 분포하며 1~1.5미터까지 자라는 관목이다. 원종은 홑꽃을 피우지만 한국에서 볼 수 있는 'Flore pleno'라는 품종은 겹꽃을 피운다. 직사광선이거나 반그늘에서 모두에서 성장하는데 성장 속도가 빠르고 향은 저녁에 더 두드러진다.

삼우화의 잎은 상록이며 마주나고 수액이 흰색이라서 이 속의 식물을 보통 milkwood(우유나무)라고 부른다. 지름이 1~5센티미터의 흰색 향기로운 꽃이 피는데 물푸레나무과의 재스민과 비슷하게 보이나 분류학적으로 다른 관상식물이다.

크레이프 재스민이라 불리는 따가라는 배수만 잘되면 어떤 토양이든 가리지 않으며, 과습은 싫어하지만, 건조에도 약하여 물이 말라도 꽃봉오리가 떨어진다. 반음지에서도 자랄 수 있으며, 양지에서 자랄 경우, 좀 더 튼튼하고 작게 자라고, 지상부는 최저 영하 1도까지 견디며, 지하부는 영하 8도까지는 견딘다.

경전 속의 따가라

1) 법구경 – 4. 꽃의 품

전단향 · 따가라향 · 웁빠라향 또는 밧씨키향이 있지만 이러한 향기 가운데 계행의 향기야말로 최상이다. 전단향과 따가라향은 보잘 것이 없지만 계행을 지닌 님의 높은 향기는 실로 천상세계에까지 이른다.

2) 대무량수경

아난이여, 저 정토에는 여러 강이 흐르고 있다. 그 모든 큰 강의 양쪽 언덕에는 갖가지의 향기 있는 보석나무가 잇달아 나 있으며, 그 나무에서 각종의 큰 가지와 잎, 꽃다발이 밑으로 드리워져 있다. 또, 그 모든 강에는 천상의 따말라나무 잎이나 아가루나 안식향이나 따가라, 그리고 우라가사라짠다나라는 최고의 향기가 나는 꿀이 철철 넘쳐흐르고, 천상의 홍련화 · 황련화 · 벽련화 · 훌륭한 향의 연화 같은 꽃으로…

바사카

학명: *Justicia adhatoda / Adhatoda vasica*
과명: 쥐꼬리망초과(Acanthaceae)
영명: Vasaka, Malabar-Nut-Tree, Adhatoda, Adulsa, Malabar Nut, Malabar-Nut
이명: Shwetavasa, Vasa, Vasaka(산스크리트, 인디), Adulasa, Adosa, Adus, Adusa, Arusa, Arush, Arusha, Bansa(힌디)

인도의 초원에서 자라며, 히말라야 저지대에서부터 해발 1,000m 지대에서까지 서식하는 관목으로 다른 열대지방에서 재배되기도 하며 건조하고 습기가 적은 토양에서 잘 자란다.

잎은 길이가 10~16cm, 폭이 5cm이며 꽃은 크고 매력적인 흰색의 꽃잎을 가지고 있는데 꽃잎 아래쪽에는 자주색의 줄무늬가 있다. 열매는 작은 캡슐 속에 4개가 있는데 줄기는 부드러워 화약을 만드는 좋은 숯 재료로 쓰인다.

바사카는 수천 년간 인도의 전통의학에서 호흡 장애 증상을 치료하는 데 사용되어 왔고 결핵과 기관지염에 유용한 것으로 알려져 있는데 나뭇잎을 달인 즙은 기침과 감기에서 오는 다양한 증상들을 해결할 수 있다. 목의 자극을 완화시키고 가래를 해소시키는 데도 유용하며 나뭇잎 찜질은 항균 작용이 있어 류머티즘과 관절염에도 효과가 있다.

아유르베다 의학에서는 혈액 장애와 심장 질환, 갈증과 천식, 발열 및 구토, 기억 상실, 황달에 이용되어 왔다고 하며 과학적으로도 잎의 향을 들이마셔 천식을 완화시키거나 찜질로서 상처와 류머티즘에 의한 염증을 완화시킬 수 있고 뿌리의 즙은 천식과 기관지염, 만성 기침을 낫게 한다는 것이 입증되어 있다.

경전 속의 바사카

1) 밀린다왕문경 – 제4장 수행자가 지켜야 할 덕목 – 117. 환속에 관하여

"대왕이여, 땅 위에 피는 꽃 중 최상의 꽃인 바사카 꽃밭에도 벌레 먹은 꽃이 있다고 해서 바사카 꽃밭의 품격이 떨어지지는 않습니다. 거기에는 많은 꽃들이 싱싱하게 피어나 훌륭한 향기를 풍기기 때문입니다. 마찬가지로 승자의 법에 출가하였다가 다시 세속으로 돌아간 자에게는 벌레 먹어 빛과 향을 잃은 바사카 꽃처럼 승자의 가르침이 지닌 계율의 색채도 없고 수행의 증진도 없습니다."

참깨/호마胡麻

학명: *Sesamum indicum*
과명: 참깨과(Pedaliaceae)
영명: sesame, sesame seed, gingili
이명: 지마(芝麻), 향마(香麻)

일년생 초본으로, 높이 1m이고 줄기는 네모지고 흰색의 털이 밀생하며 원산지는 인도 또는 아프리카 열대 지방이고 6,000년의 역사를 가지는 최고의 유지식물로 종자는 채유와 동시에 예로부터 약리적 효과를 가지는 식품으로 상용되어 고대 이집트에서 서남아시아, 인도, 중국으로, 다시 동남아시아, 일본, 또한 구미로 전파하였다.

잎은 마주나고 윗부분에서는 어긋나기도 하며 끝이 뾰족한 긴 타원모양 또는 바소 모양으로 가장자리가 밋밋하다. 밑 부분의 잎은 넓으며 가장자리가 3개로 갈라지기도 하며 잎자루의 밑 부분에 노란색의 작은 돌기가 있다.

꽃은 7~8월에 피며 옅은 붉은색으로 줄기 윗부분의 잎겨드랑이에 1개씩 아래를 향해 달린다. 꽃받침은 5개로 길게 갈라지며 화관은 통 모양으로 끝이 5개로 갈라진다. 수술은 4개, 암술은 1개이다. 열매는 삭과로 원기둥 모양이며 80개 정도의 종자가 들어 있다. 종자의 색깔에 의해 백참깨와 흑참깨로 나누어진다.

참깨의 항산화 성분은 인체 내에서 계속되고 있는 자동 산화로부터 생성되는 노화 촉진성의 과산화물을 억제하는 기능을 가지고 있으며. 참기름은 체내로 흡수가 뛰어나 소화 불량에 시달리는 현대인에게 부담이 없고 그 특유의 고소함으로 음식의 미각을 돋우는 데 중요한 역할을 하기도 한다. 참깨를 많이 먹는 것은 영양학적으로 모발의 발육이나 신체 기능을 향상시킨다.

오늘날 세계의 주요생산국은 중국, 인도를 비롯하여 미얀마, 수단, 중남미에서 약 200만 톤이 생산되고 있다. 참깨의 주성분은 유지와 단백질인데 이것들은 모두 탄수화물과 함께 3대 영양소이다.

참깨를 먹음으로 혈액이 정화되어 혈관을 정상상태로 유지할 수 있다. 또 참깨를 술 마시기 전에 씹어 먹으면 숙취나 악취를 미리 예방할 수 있다.

참깨에는 메티오닌(methionine)이라는 필수아미노산이 들어 있는데, 콩보다 25배나 많은 양이 들어 있어 간장의 기능을 높여주고 간장병 예방, 숙취 예방, 미용이나 정력증강에도 도움이 되며 몸속 물질의 합성과 분해를 해주는 대사를 활발하게 하여 젊어지는 효과도 가져온다.

또 참깨에 들어 있는 트립토판(tryptophan) 성분은 피부를 곱게 하고 모발에 윤기를 주며 신경을 안정시킨다. 그뿐 아니라 정서불안, 초조, 갱년기장애에도 효과가 있다. 트립토판이 모자라면 각종 피부병, 위장병, 구내염, 등 원인이 되는데 참깨를 복용하면 이와 같은 증상을 예방할 수 있다.

그리고 아르지닌(arginine)이라는 아미노산은 세포분열에 의한 증식이나 기관의 형성에 없어서는 안 될 성분인데 아이들이나 젊은이들이 성장하는 과정에 꼭 필요한 성분이다.

칼슘도 작은 생선이나 해조류보다 많고 치즈의 2배, 우유의 11배나 포함되어 있다. 참깨는 골다공증을 예방하고 칼슘 부족에 의한 행동이 포악해지는 정신불안정을 해소시키는 매우 유용한 작용을 한다.

더불어 참깨에는 콩의 25배, 현미의 3배나 되는 마그네슘이 들어 있는데 마그네슘은 근육의 발달에 없어서는 안 되는 성분으로 근육의 흥분을 진정시킴과 동시에 신경의 흥분을 진정시키는 작용을 하기 때문에 여성들의 생리통에도 도움이 된다.

비타민으로는 비타민 B1, 비타민 B2, 나이아신, 비타민 E 등이 들어 있는데 특히 티아민(thiamine, 비타민 B1의 화학명)은 모든 씨앗 중에서 가장 함유량이 많고 이 성분은 몸의 대사를 원활히 하여 각막염, 신경염, 등의 증상을 개선해 준다.

비타민 E는 몸을 젊게 하는 비타민으로 노화방지에 효과가 있으며 신진대사를 촉진하여 모세혈관의 혈행을 좋게 하여 호르몬 분비를 정상화시킨다. 그 외 흰머리, 빠지는 머리카락, 잡티, 피부염, 비만을 개선하는 작용도 있다.

경전 속의 참깨

1) 대반열반경 제4권 – 7. 네 가지 모양(四相品)

“선남자여, 나는 생선이나 고기가 아름다운 음식이라고는 말하지 않았고, 사탕수수, 멥쌀, 석밀(石蜜), 보리, 모든 곡식, 검은 석밀, 타락, 젖과 기름을 좋은 음식이라고 말하였느니라. 비록 가지가지 의복을 저축함을 말하였으나, 저축하는 것은 모두 색(色)

을 없애라 하였거늘, 하물며 생선과 고기를 탐내서야 쓰겠느냐."

"부처님께서 만일 고기를 먹지 말게 하셨을진대 저 다섯 가지 맛, 우유, 타락, 생소, 숙소, 호마유(胡麻油) 따위와, 명주 옷, 구슬, 자개, 가죽, 금이나 은으로 만든 그릇 따위도 받아 사용하지 말아야 하겠나이다."

2) 입능가경(入楞伽經) 제8권 – 16. 차식육품(遮食肉品)

대혜여, 성문인(聲聞人)들의 항상 먹어야 할 바는 쌀과 밀가루와 기름과 꿀과 가지가지 깨(麻)와 팥이니, 능히 정명(淨命)을 낼 수 있을 것이다.

비법(非法)으로 저축하며 비법으로 받아 취하면 나는 부정함이라 말하며, 그도 오히려 먹는 것을 들어주지 아니하거든 어찌 하물며 피와 살의 부정한 것을 먹으랴.

불두화佛頭花

학명: *Viburnum sargentii* for. *sterile*
과명: 인동과(忍冬科, Caprifoliaceae)
영명: Snowball Tree
이명: 수국백당

낙엽활엽 관목으로, 절이나 공원등지에 심는다. 기본종인 백당나무는 산지에서 자라며, 높이 3~6m로 자란다. 한국, 일본, 중국, 만주, 아무르, 우수리 등지에 분포하며 번식은 꺾꽂이나 접붙이기 등으로 이뤄진다.

잎은 마주나고 길이 4~12cm의 넓은 달걀 모양이다. 가장자리에 불규칙한 톱니가 있고 원형바탕에 끝이 삼지창처럼 셋으로 갈라진다. 뒷면 맥 위에 털이 있으며 잎자루 끝에 2개의 꿀샘이 있고, 밑에는 턱잎이 있다. 어린 가지는 털이 없고 붉은 빛을 띠는 녹색이나, 자라면서 회흑색으로 변한다. 줄기껍질은 코르크층이 발달하였으며 불규칙하게 갈라진다.

꽃은 무성화(無性花)로 5~6월에 피며, 꽃줄기 끝에 산방꽃차례로 달린다. 처음 꽃이 필 때에는 연초록색이나 활짝 피면 흰색이 되고 질 무렵이면 누런빛으로 변한다.

일본에서 개발되어 서양으로 간 수국은 꽃이 보다 크고 연한 홍색, 짙은 홍색, 짙은 하늘색 등 화려하게 발전되었다. 옛날에는 꽃을 말려 해열제로도 사용하였고 관상용으로 많이 심는다.

불두화/백당나무/수국 비교

불두화(*Viburnum sargentii* for. *sterile*)는 인동과(忍冬科 Caprofoliaceae)에 속하는 낙엽관목으로 원예종으로 육성된 백당나무의 개량종이다. 꽃이 달리는 모습이 수국과 같아 백당수국이라 부르기도 하나 수국과는 전혀 다른 식물이다. 수국은 보통 잎이 타원형이지만 불두화는 세 갈래로 갈라진다. 백당나무 종류 중 모든 꽃이 중성화로만 이루어진 품종을 불두화라고 하며 절에서 흔히 심고 있다.

백당나무(*Viburnum sargentii*)는 역시 인동과에 속하는 낙엽관목으로 키가 3m에 달하고, 잎은 마주나는데 3갈래로 나누어진 것도 있다. 잎 가장자리에 톱니가 조금 있으며 잎자루의 길이는 약 2㎝이다. 흰색의 꽃은 5~6월에 줄기 끝에서 산방(繖房)꽃차례로 무리져 피는데, 꽃차례 가장자리에는 꽃잎만 가진 장식 꽃이 빙 둘러 가며 피고, 꽃차례 한가운데에는 암술과 수술을 모두 갖춘 꽃(有性花)이 핀다.

수국(*Hydrangea macrophylla* for. *otaksa*)은 인동과가 아닌 범의귀과 식물이며 잎은 마주나고 달걀 모양인데, 두껍고 가장자리에는 톱니가 있다. 꽃은 중성화로 6~7월에 피며 10~15cm 크기이고 산방꽃차례로 달린다. 꽃받침조각은 꽃잎처럼 생겼고 4~5개이며, 처음에는 연한 자주색이던 것이 하늘색으로 되었다가 다시 연한 홍색이 된다. 꽃잎은 작으며 4~5개이고, 수술은 10개 정도이며 암술은 퇴화하고 암술대는 3~4개이다.

불교와 불두화(佛頭花) 이야기

불두화는 불교 경전 속에 나오는 식물은 아니다. 다만 많은 사람들이 성상과 생육 습성에서 수도승과 절, 부처님을 연상한다 하여 함께 다뤄보기로 한다. 불두화의 잎은 마주나고 원형바탕에 끝이 삼지창 비슷하게 셋으로 갈라진다. 꽃은 전부 무성화로서 새로 자란 가지 끝에 피며 꽃잎은 5개이고, 화서는 원추화서로서 전체가 공처럼 둥글다. 꽃 속에 꿀샘은 아예 잉태도 하지 않아 향기를 내 뿜어야 할 이유도 없다보니 벌과 나비가 아예 외면해버리는 꽃, 생명이 없는 조화(造花) 같은 느낌을 들게 하는 꽃이다.

즉, 백당나무에서 생식기능을 없애버린 꽃나무가 바로 불두화이며 모든 나무의 특징은 백당나무와 같다. 다만 꽃에서 암술과 수술이 없어지고 꽃잎만 겹겹이 자라게 한 원예품종인 것이다. 즉, 백당나무의 무성화(無性花)가 바로 불두화인데 꽃도 부처님 오신 날인 4월 초파일을 전후해서 피어난다. 불두화는 이러한 부처님과의 인연으로 불두화(佛頭花) 혹은 승두화(僧頭花)라는 귀중한 이름을 갖게 된 것이다.

다른 꽃들은 피기 전에, 혹은 피어나면서 꽃잎을 활짝 피는 데 비해 불두화는 일단 개화한 상태에서도 계속 자라고, 꽃도 노랑 빛을 띤 연초록에서 흰색으로 바뀌는 습성을 가지고 있다.

파/총葱

학명: *Allium fistulosum*
과명: 백합과(Liliaceae)
영명: Spring Onion, Bunching Onion, Fistular Onion, Green Onion, Japanese Bunching Onion, Multiplier Onion, Rock Onion, Scallion, Spanish Onion, Stone Leek, Two Bladed Onion, Welsh Onion, Welsh's Onion
이명: Bawang Daun(인니), Bawang Oncang(자바), Sibuyas Na Mura(타갈로그), Hom Ton(타이), Cong(중국), Negi(일본)

외떡잎의 여러해살이풀로 칼슘 · 염분 · 비타민 등의 함량이 많고 특이한 향취가 있어서 생식, 약용 및 요리에 널리 쓰인다. 높이 약 70cm로 원산지는 중국 서부로 추정되며, 동양에서는 옛날부터 중요한 채소로 재배하고 있으나 서양에서는 거의 재배하지 않는다.

비늘줄기는 그리 굵어지지 않고 수염뿌리가 밑에서 사방으로 퍼진다. 땅 위 15cm 정도 되는 곳에서 5~6개의 잎이 2줄로 자란다. 잎은 관 모양이고 끝이 뾰족하며 밑동은 잎집으로 되고 녹색 바탕에 흰빛을 띤다.

6~7월에 원기둥 모양의 꽃줄기 끝에 흰색 꽃이 피며 꽃이삭은 처음에 달걀 모양의 원형으로 끝이 뾰족하며 총포에 싸이지만, 꽃이 피는 시기에는 총포가 터져서 공 모양으로 된다. 수술은 6개로서 꽃 밖으로 길게 나온다. 열매는 삭과로서 9월에 익으며 3개의 능선이 있다. 종자는 검은빛이며 번식은 종자나 포기 나누기로 한다.

품종은 대체로 3개의 생태형, 즉 한지형의 줄기파(여름파) · 난지형의 잎파(겨울파), 중간형의 겸용파로 나눈다. 한지형은 추위에 강하며 식물체가 크고 주로 땅속에 있어 흰색을 띠는 잎집부가 길어서 연백재배(軟白栽培)에 적당하다.

난지형은 더위에 강하고 식물체가 가늘고 길며 잎집부가 짧아 잎파로 재배한다. 중간형은 양자의 중간형으로서 겸용파로 재배한다. 추위와 더위에 강하며, 추운 지방에서는 봄에 종자를 뿌려서 여름에 생육하여 가을부터 초겨울에 수확하고, 더운 지방에서는 가을에 종자를 뿌려서 겨울에 생육하여 이듬해 봄에 수확하는데, 일반적으로는 늦가을 또는 초봄에 파종하여 가을부터 겨울에 걸쳐 수확한다.

파에는 칼슘, 염분, 비타민 등이 많이 들어 있고 특이한 향취가 있어서 생식하거나 요리에 널리 쓴다. 민간에서는 뿌리와 비늘줄기를 거담제, 구충제, 이뇨제 등으로 쓴다. 잎의 수가 많은 계통을 연화(軟化) 재배한 것을 대파 또는 움파라고 하는데, 노지에 재배하여 잎의 수가 적고 굵기가 가는 것은 실파라고 한다.

대파는 예로부터 감기에 좋다고 전해져 오는 대표적인 식품 중의 하나이다. 날 파는 땀을 내거나 열을 내리는 작용을 한다. 감기 초기에 파뿌리를 생강, 귤껍질과 함께 달여서 마시고 땀을 내면 쉽게 감기가 낫는데 파의 푸른 잎 부분에는 약효가 없으므로 뿌리의 흰 부분과 털만 사용한다. 파에 풍부하게 들어 있는 유화알릴 성분은 신경의 흥분을 진정시키는 역할을 하므로 평소 식사 때 파를 충분히 먹으면 불면증에도 좋다.

경전 속의 파

1) 범망경 – 제4계 오신채를 먹지 말라

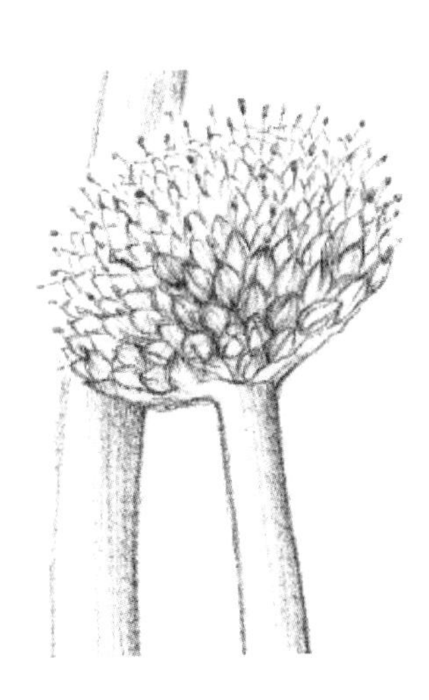

불자로서 오신채를 먹지 말지니 마늘, 부추, 파, 달래, 무릇(흥거)과 같은 오신채를 모든 음식물에 넣어서 먹지 말지어다. 만약 스스로 먹는 자는 경구죄를 범하느니라.

2) 수능엄경

중생들이 깨달음을 구하려면 세간의 다섯 가지 신채를 끊어야 하느니, 이 오신채를 익혀 먹으면 음란한 마음이 생겨나고, 날것으로 먹으면 분노의 마음이 커지게 된다.

달래/소산小蒜

학명: *Allium monanthum*
과명: 백합과(Liliaceae)
영명: Wild Chive, Wild rocambol, Wild garlic
이명: Dan Hua Xie(중국), 단화총(单花葱), 야산(野蒜), 산산(山蒜)

달래는 여러해살이풀로 한문으로 산산(山蒜)이라고도 하는데, 도감상의 달래(A. monanthum)는 이른 봄에 숲 속에 나며, 먹을 수는 있으나, 워낙 식물체가 작아서 식용으로 이용하기는 부적절하며, 6월 이후에는 사그러지는 조춘계식물이다. 농가에서 달래라 하여 채취하여 식용하는 것은 도감상 '산달래'(*Allium grayi*)로 산에서도 자라나 흔히 들이나 밭에서 자라는데, 근래에는 야채처럼 심어 가꾸기도 한다. 산산이란 산에서 나는 마늘이란 뜻이다. 그 정도로 마늘과 영양 및 효능이 비슷하다. 우리가 식용하는 부위는 땅속의 비늘줄기와 잎인데 무침, 쌈, 된장, 국, 달래전 등 다양하게 요리하여 즐길 수 있으며, 달래 술을 담그기도 한다. 높이는 40~60cm이고, 밑부분에서 2~3개의 잎이 달리며, 흰빛이 도는 연한 녹색이다. 한국과 일본, 중국 동북부, 우수리 강(江) 유역에 분포한다.

비늘줄기는 넓은 달걀 모양이고 길이가 6~10mm이며 겉 비늘이 두껍고 밑에는 수염뿌리가 있다. 잎은 2~3개이며 길이가 10~20cm, 폭이 3~8mm이고 줄 모양 또는 넓은 줄 모양이며 9~13개의 맥이 있고 밑 부분이 잎집을 이룬다.

꽃은 4월에 흰색 또는 붉은빛이 도는 흰색으로 피고 잎 사이에서 나온 1개의 꽃줄기 끝에 1~2개가 달린다. 포는 막질(膜質: 얇은 종이처럼 반투명한 것)이며 달걀 모양이고 길이가 6~7mm이며 갈라지지 않는다. 꽃잎은 6개이고 긴 타원 모양 또는 좁은 달걀 모양이며 수술보다 길거나 같고 끝이 둔하다. 수술은 6

개이고 밑 부분이 넓으며 꽃밥은 보라색이다. 암술은 1개이고 암술머리는 3개로 갈라진다. 꽃의 일부 또는 전부가 대가 없는 작은 주아(珠芽)로 변하기도 한다. 열매는 삭과로 작고 둥글다.

잎과 알뿌리 날것을 무침으로 먹거나 부침 재료로도 이용한다. 마늘의 매운맛 성분인 알리신(allicin)이 들어 있어 맛이 맵다. 달래는 6월에 지상부가 말라 죽으면서 휴면하고 8월에 새순이 나와 월동한다.

한방에서 달래의 비늘줄기를 소산(小蒜)이라는 약재로 쓰는데, 여름철 토사곽란과 복통을 치료하고, 종기와 벌레에 물렸을 때도 사용하고, 협심통에 식초를 넣고 끓여서 복용한다.

달래는 봄의 미각을 자극할 뿐 아니라 피로를 회복시켜 주는 건강식품이다. '작은 마늘'이라고 불리는 달래는 옛날에도 왕이 달래 생채를 맛보고 봄이 오는 것을 알았다는 시가 있을 정도로 독특한 향과 알싸한 맛으로 겨우내 잃었던 입맛을 돋운다. 더욱이 혈액순환을 촉진시켜 예로부터 자양강장 음식으로도 알려져 왔다. 불가에서는 이 강장 효과 때문에 달래를 '오신채'라 하여 파, 마늘, 부추, 무릇 등과 함께 금하기도 했다.

달래의 매콤하면서도 쌉쌀한 맛 속에는 비타민 C를 비롯해 칼슘, 칼륨 등 갖가지 영양소가 골고루 들어 있다. 비타민 A가 부족하면 저항력이 약해지고, 비타민 B1과 B2가 부족하면 입술이 잘 터지고, 비타민 C가 부족하면 잇몸이 붓고 피부노화가 빨라지는데 달래에는 이를 예방하는 비타민류가 골고루 들어 있다. 또한 대부분 달래를 익히지 않고 생으로 먹기 때문에 비타민 손실도 최소화할 수 있다.

달래는 특히 칼슘이 많아 빈혈과 동맥경화에 좋고 달래에 함유된 칼륨은 몸속의 나트륨과 결합하여 밖으로 배출되므로 염분 과다섭취로 인한 성인병을 예방한다. 음식을 짜게 먹는 편인 우리나라 사람들 식단에서는 빼놓을 수 없는 음식인 것이다.

달래는 스트레스를 다스리는 데도 효과적이다. 스트레스를 받을 때 분비되는 부신피질호르몬의 분비와 조절을 도와 노화를 방지해준다. 이 때문에 예부터 달래의 줄기와 수염뿌리째 잘 씻어 말린 후 소주에 넣고 밀봉한 다음 두세 달쯤 지나 신경안정과 정력증진에 약술로 마셨다고 한다.

경전 속의 달래

부추 등과 함께 오신채로서 범망경과 수능엄경에 경계하는 내용이 나와 있다.

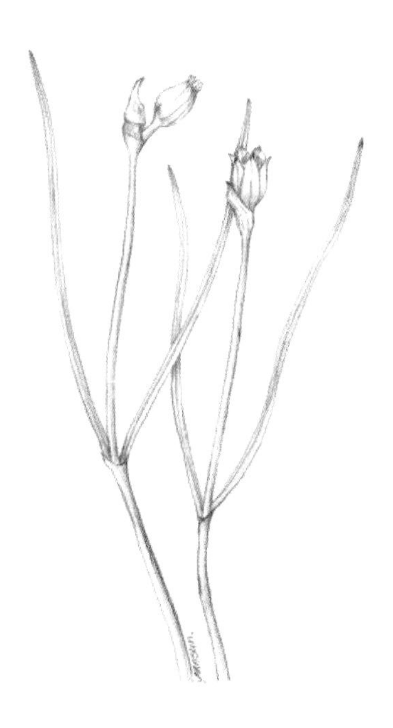

부추/비자韭子

학명: *Allium tuberosum*
과명: 백합과(Liliaceae)
영명: Chinese Chive, Chinese Leek, Chinese Onion, Garlic Chives, Oriental Garlic, Scallion, Leek
이명: Oriental Garlic, Scallion(말레이), Jiu(중국), Nira(일본), Kutsay (타갈로그), Hom Paen, Kui Chaai Chin(타이), 가미량(加美良)

여러해살이풀로 비늘줄기는 밑에 짧은 뿌리줄기가 있고 겉에 검은 노란색의 섬유가 있다. 한국 각지에서 재배하는데, 파(Allium)속은 1,250종을 포함하고 있어 식물 가운데 가장 큰 속 가운데 하나를 이룬다.

잎은 녹색으로 줄 모양으로 길고 좁으며 연약하며 잎 사이에서 길이 30~40cm 되는 꽃줄기가 자라서 끝에 큰 산형(傘形)꽃차례를 이룬다.

꽃은 7~8월에 피고 흰색이며 지름 6~7mm로 수평으로 퍼지고 작은 꽃자루가 길다. 수술은 6개이고 꽃밥은 노란색이며 열매는 삭과(蒴果)로 거꾸로 된 심장 모양이다.

부추는 옛날부터 많이 먹으면 남성의 정력이 증진된다고 하여 '기양초'라고도 했다. 비늘줄기는 건위(健胃) · 정장(整腸) · 화상(火傷)에 사용하고 연한 식물체는 식용한다. 종자는 한방에서 구자라 하여 비뇨(泌尿)의 약재로 사용한다.

부추는 다른 파 종류에 비하면 단백질, 지방, 회분, 비타민 A의 함량이 월등히 높으며 비타민 B1의 이용을 높여주는 유황화합물이 마늘과 비슷해서 강장효과가 있다. 부추는 몸을 덥게 하는 보온효과가 있고 장을 튼튼하게 하므로 몸이 찬 사람에게 좋은 것으로 알려져 있다.

음식물에 체해 설사를 할 때 부추를 된장국에 넣어 끓여 먹으면 효력이 있다. 또한 구토가 날 때 부추의 즙을 만들어 생강즙을 조금 타서 마시면 잘 듣는다.

위장이 약하거나 알레르기 체질인 사람이 지나치게 많이 먹으면 설사를 할 수 있으므로 주의해야 한다.

부추에는 비타민 C와 몸속에서 비타민 A로 변하는 카로틴이 풍부하며, 철분, 인, 칼슘, 비타민 B군도 많이 함유하고 있다. 보통 비타민 B1은 체내 흡수가 잘 되지 않으나 부추에 포함돼 있는 알라신 성분은 비타민 B1의 흡수를 도와 체내에 오래 머물 수 있도록 도와주는데 살균 작용까지 있어 고기를 조리할 때 함께 먹으면 좋다.

경전 속의 부추

1) 범망경 – 제4계 오신채를 먹지 말라

불자로서 오신채를 먹지 말지니 마늘, 부추, 파, 달래, 무릇(흥거)과 같은 오신채를 모든 음식물에 넣어서 먹지 말지어다. 만약 스스로 먹는 자는 경구죄를 범하느니라.

2) 수능엄경

중생들이 깨달음을 구하려면 세간의 다섯 가지 신채를 끊어야 하느니, 이 오신채를 익혀 먹으면 음란한 마음이 생겨나고, 날것으로 먹으면 분노의 마음이 커지게 된다.

무릇/흥거興渠

학명: *Scilla scilloides*
과명: 백합과(Liliaceae)
영명: Chinese squill
이명: 야자고(野茨菰), 물굿, 물구, 지란(地蘭), 면조아(綿棗兒), 천산(天蒜), 지조(地棗), 전도초근(剪刀草根)

반그늘지고 약간 습윤한 곳에서 잘 자라는 여러해살이풀로, 동북아시아 원산으로 일본, 만주, 중국, 타이완, 우수리 지방 등에 분포하며, 꽃이 흰색인 것을 흰무릇이라고 한다.

꽃줄기 끝에 자잘한 꽃이 아래에서부터 피어 올라가며 6개의 수술과 1개의 암술이 있다. 열매는 삭과로 달걀을 거꾸로 세워놓은 모양이며 피침형의 종자가 들어 있다.

뿌리는 흑갈색의 비늘줄기로 둥근 달걀 모양인데 아래 부분에 짧은 뿌리줄기가 있어 가는 뿌리가 달린다. 잎은 선 모양으로 봄과 가을 두 차례에 걸쳐 2개씩 나온다. 길이 15~30cm 정도로 털이 없고 약간 두껍다.

전국의 들이나 밭, 습기 있는 빈터에서 흔히 볼 수 있다. 대나무 대신 복조리를 만들 정도로 힘 있는 무릇의 속명인 'Scilla'는 지중해에서 약용하던 'Skilla'에서 나온 말이다.

봄에 나온 잎은 여름에 꽃이 나올 무렵 지고 가을에 새로이 잎이 자란다. 꽃의 모양이 맥문동과 비슷하지만, 맥문동은 가늘고 질긴 잎이 여러 장 모여 나며 뿌리줄기가 굵고 딱딱하다.

옛날에는 흉년이 들면 구황식물로도 많이 이용했다. 시골에서는 비타민이 많이 들어 있는 잎을 데쳐서 무치거나 비늘줄기를 간장에 조려서 반찬으로 먹었고, 비늘줄기를 고아서 엿으로 먹기도 했다.

생약으로는 지란(地蘭), 면조아(綿棗兒), 천산(天蒜), 지조(地棗), 전도초근(剪刀草根)이라고도 부르며 흔히 알뿌리를 약재로 쓰는데, 진통효과가 있고, 혈액순환을 왕성하게 하며 붓기를 가라앉히는 효과가 있다.

또한 허리와 팔다리가 쑤시고 플 때나 타박상 등에도 이용한다. 비늘줄기나 잎을 알코올에 담가 추출한 액체는 강심, 이뇨 작용을 하며 지상부를 달인 물은 치통, 근육과 골격의 동통, 타박상, 허리와 대퇴부의 통증을 완화시키기도 한다.

불교 경전 속의 무릇

오신채로서 불교 경전에서는 여러 경전에서 금기 식물로 다뤄져 있다.

마늘/산蒜

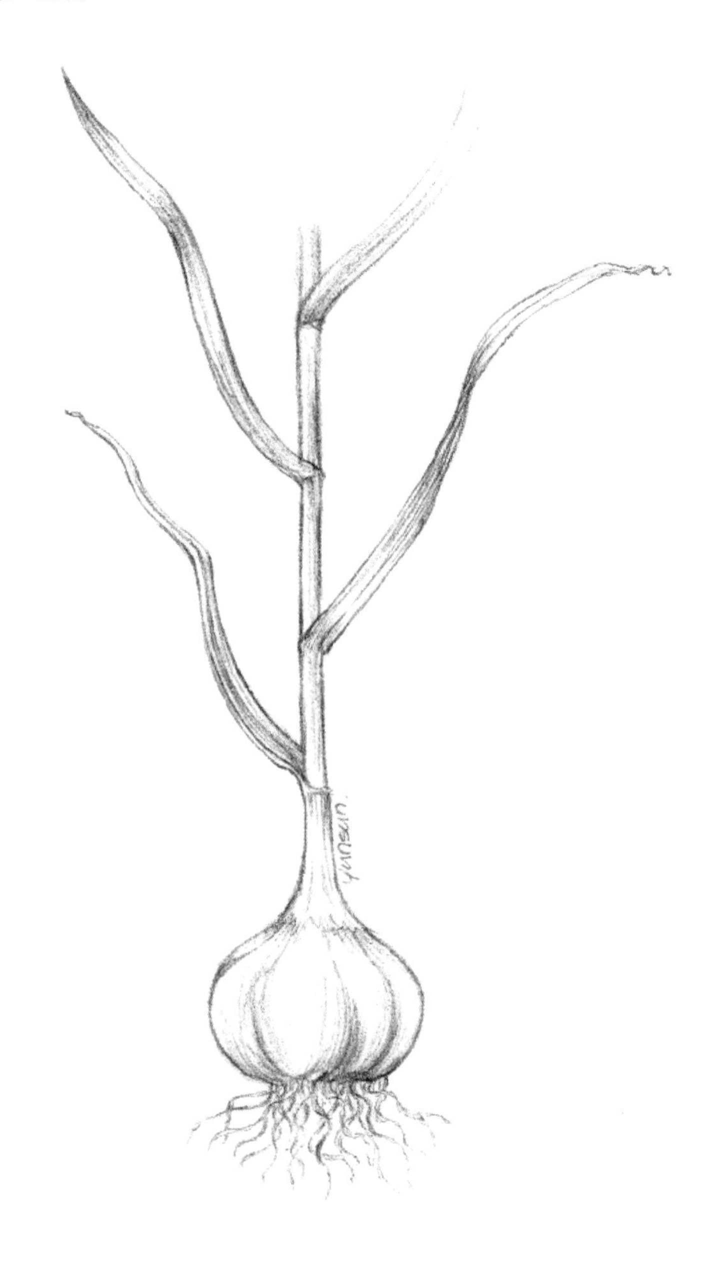

학명: *Allium sativum*
과명: 백합과(Liliaceae)
영명: Common Garlic, Cultivated Garlic, Garlic, Garlick, Hard-Necked Garlic, Hardneck Garlic, Rocambole, Serpent Garlic, Soft-Necked Garlic, Spanish Garlic, Top-Setting Garlic, True Rocambole, True Rocambole Garlic
이명: Lashuna, Lashunaa, Launa(산스크리트), Vellai Poondu, Vellai Pundu, Vellaippuuntu, Vellaypoondoo, Wullaypoondoo(타밀), Allium(라틴), Gaarikku, Garikku, Hime Ninniku, Ninniku, 大蒜(일본), Lahasun, Lahsan, Larsan, Lasun(힌디), Rasun(뱅갈)

여러해살이풀로 원산지는 아시아 서부이며 산(蒜)이라고도 한다. 마늘의 어원은 몽골어 만끼르(manggir)에서 'gg'가 탈락된 마닐(manir) → 마 → 마늘의 과정을 겪은 것으로 추론된다. 인간이 마늘을 먹기 시작한 것은 4,000년이 훨씬 넘는다.

잎은 바소꼴로 3~4개가 어긋나며, 잎 밑 부분이 잎 집으로 되어 있어 서로 감싼다. 7월에 잎겨드랑이에서 속이 빈 꽃줄기가 나와 그 끝에 1개의 큰 산형꽃이삭(傘形花穗)]이 달리고 총포(總苞)는 길며 부리처럼 뾰족하다.

꽃은 흰 자줏빛이 돌고 꽃 사이에 많은 무성아(無性芽)가 달리며 꽃줄기의 높이는 60cm 정도이며 비늘줄기(인경)는 연한 갈색의 껍질 같은 잎으로 싸여 있고, 안쪽에 5~6개의 작은 비늘줄기가 들어 있다. 비늘줄기, 잎, 꽃자루에서는 특이한 냄새가 나며 비늘줄기를 말린 것을 대산이라 한다.

수도자들에게는 마늘이 정력제라는 이유로 금기 식품이었지만 노동을 해야 하는 백성들에게는 오히려 스태미너식으로 환영을 받았다. 고대 이집트에서는 피라미드를 쌓던 노동자들이 마늘이 없다고 집단농성을 벌이자 왕이 직접 마늘을 구입해주기도 했다. 그리스시대의 검투사나 로마의 병정들에게도 마늘은 힘의 원천이었다.

로마의 학자 플리니우스가 편찬한 『박물지』에는 처음으로 치료제로서의 마늘이 나타난다. 그는 마늘이 뱀의 독을 해독하는 데서부터 치질, 궤양, 천식 등 무려 61가지의 질병에 효험이 있다고 기록했다.

중국의 의학서 『본초강목』에도 스태미너와 성욕을 증진시키고 피로회복에다 기생충을 구제한다고 소개하고 있다. “산에서 나는 마늘을 산산(山蒜), 들에서 나는 것을 야산, 재배한 것을 산(蒜)”이라 하였다. 후에 서역에서 인경이 굵은 대산(大蒜)이 들어오게 되어 전부터 있었던 산을 소산이라 하였다는 기록도 있다.

효험 때문인지 마늘은 한때 미신화되는 부작용을 낳기도 했다. 중국인들은 콜레라가 창궐하자 일종의 부적으로 삼아 마늘을 몸에 지니고 다녔다. 흡혈귀 드라큐라가 십자가와 태양광선과 함께 가장 두려워한 것도 마늘이었다.

마늘은, 땅속에 있는 비늘줄기를 주로 요리에 사용하며, 잎과 줄기를 먹기도 한다. 맛은 자극적이지만, 구울 경우 매운맛이 줄어들고 달콤한 맛이 난다. 마늘에 들어 있는 알리인(Alliin)은 그 자체로는 냄새가 나지 않는다. 그러나 마늘을 씹거나 다지면 알리인이 파괴되며 알리신(Allicin)과 디알릴 디설파이드(Diallyl disulfide)가 생겨나는데, 이러한 것들이 마늘의 강한 향을 만들어낸다. 마늘은, 한지계와 난지계 마늘이 있는데, 대체로 씨앗이 생기지 않기 때문에 영양번식을 통해 재배한다.

마늘은 심장마비나 뇌졸중을 예방하는 효과가 크다. 마늘은 콜레스테롤 합성효소를 억제하고 나쁜 콜레스테롤인 LDL을 줄이고 좋은 콜레스테롤인 HDL을 증가시켜 콜레스테롤 수치를 낮추는가 하면 혈소판의 응집과 혈액응고를 억제하여 혈전을 방지해 피를 맑게 하는 작용이 있다.

역학조사에 의하면 마늘을 포함한 파속에 속하는 식물(부추 · 달래 · 양파 · 파)을 많이 먹으면 위암 발생률이 감소하고 마늘 소비량에 비례하여 대장암 발생이 감소하는 효과가 크다고 한다. 또 발암물질의 대사를 막고 해독하는 효소를 많이 발현하여 발암물질의 독성을 줄이며 DNA의 손상을 막아준다. 이뿐 아니라 암세포의 증식을 억제하고 면역작용을 증가시키며 항산화작용으로 항암작용을 한다.

마늘을 섭취하면 스트레스 등에 대응하는 능력이 증가하고 동물실험에서는 생명을 연장하고 기억력을 회복시키는 등의 효과를 보여 치매 환자들에게 효과가 있을 것으로 보인다.

마늘을 많이 먹으면 장수의 효과까지 얻을 수 있다. 우리나라 경상남도의 남해군과 이탈리아 몬티첼리는 세계적으로 알려진 장수촌이면서 마늘 주산지이다.

마늘에 있는 알리신과 설파이드 등이 마늘의 약리 효과에 영향을 미치는데, 껍질을 깐 뒤에 10분 정도 두어야 효소가 활성화되어 알리신과 설파이드가 많이 생성된다. 생마늘을 그대로 섭취하는 것이 가장 효과가 크지만 냄새가 지독하고 위장에 자극을 줄 수 있어 마늘을 다져서 요리한 것이나 마늘장아찌로 먹는 것이 매우 효과적이다.

그러나 삼계탕 등을 요리할 때와 같이 마늘을 통째로 넣는 통마늘은 조리과정에 마늘 속에 들어 있는 효소가 끓는 물에 파괴되어 마늘의 약리 효과가 적어진다.

경전 속의 마늘

1) 입능가경(入楞伽經) 제8권 - 16. 차식육품(遮食肉品)

모든 살림살이와 자생(資生)과 애착과 유(有)와 구하는 등을 떠나서 일체 번뇌와 습기의 허물을 멀리 떠나고, 잘 분별하여 심(心)과 심소(心所)와 지혜와 일체지(一切智)와 일체 견(見)을 알아서, 모든 중생을 보는데 평등하게 불쌍히 여기나니라.

그러므로 대혜여, 나는 일체 중생들을 외아들과 간이 보거니, 어찌 고기 먹는 것을 들어주랴. 또한 따라 기뻐하지도 않거니, 어찌 하물며 스스로 먹으랴.

대혜여, 이와 같은 일체 파 · 부추 · 마늘 · 염교[薤]는 냄새나고 더럽고 깨끗지 못하여 능히 성도(聖道)를 장애하며, 또한 세간 인천(人天)의 깨끗한 곳을 장애하거든, 어찌 하물며 부처님 정토(淨土)와 과보이랴.

술도 이와 같아서 능히 성도를 장애하며, 능히 선업(善業)을 손해하고 능히 모든 허물을 내나니, 그러므로 대혜여, 성도를 구하는 자는 술과 고기, 파, 부추,

마늘 등인 능히 훈습하는 맛은 모두 응당 먹지 아니할 것이니라.

2) 범망경 - 제4계 오신채를 먹지 말라

불자로서 오신채를 먹지 말지니 마늘, 부추, 파, 달래, 무릇과 같은 오신채를 모든 음식물에 넣어서 먹지 말지어다. 만약 스스로 먹는 자는 경구죄를 범하느니라.

석산/만수사화曼殊沙華

학명: *Lycoris radiata*
과명: 수선화과(Amaryllidaceae)
영명: Magic Lily, Red Spider Lily, Spider Lily
이명: 석산(石蒜), 이별초(離別草), 환금화(換金花), 가을가재무릇, 지옥꽃, 용조화, 산오독, 산두초, 중무릇, 중꽃

높이 30~50cm이며 여러해살이풀인데, 석산은 가을에 잎이 올라와서 월동을 한 후 봄에 잎이 지고난 후 추석을 전후하여 붉은색의 꽃을 피운다. 원산지는 중국이며 석산(石蒜), 이별초(離別草), 환금화(換金花)라 하고, 홀로 살아야 하는 스님들의 신세라 하여 중무릇, 또는 중꽃이라 한다. 주로 절에서 재배했는데 비늘줄기의 녹말을 불교 경전을 제본하고, 탱화를 표구하며, 고승들의 진영(眞影)을 붙이는 데에 사용했기 때문이다.

비늘줄기는 넓은 타원형으로 겉껍질이 검은색이고 인경(鱗莖, 비늘줄기)을 석산(石蒜)이라 하며 약용하는데, 비늘줄기는 알카로이드의 독성이 있어 토하게 하거나(진해 거담제) 창에 찔린 데 약으로 쓰인다.

꽃과 잎이 피는 시기가 다르고 광택이 나는 진한 녹색 한가운데 굵은 잎맥이 흰색으로 보인다. 9~10월에 진홍색 꽃 5~10송이가 줄기 끝에 산형꽃차례로 달리는데, 꽃잎이 심하게 뒤로 젖혀진다. 꽃잎은 너비가 좁고 그 길이가 꽃술에 비해 매우 짧은데, 꽃술의 길이가 꽃잎의 거의 두 배에 달한다. 꽃 밖으로 길게 나온 꽃술의 모습이 특이하고 아름답다. 수술 6개, 암술 1개이고 열매를 맺지 못하므로 비늘줄기를 쪼개어 심어서 번식한다.

자꾸 혼동하는 석산과 상사화의 경우, 두 종류 모두 잎과 꽃이 서로 만나지 못

하는 건 같지만 꽃 모양이나 잎 모양, 피는 시기가 서로 다르다.

인도 사람들은 석산을 천상계의 꽃 만수사화라 부르는데, 지상의 마지막 잎까지 말라 없어진 곳에서 화려한 영광의 꽃을 피운다 하여 피안화(彼岸花)라고도 했다.

지방에 따라서는 꽃무릇 · 지옥꽃이라고도 부르며, 피처럼 붉은 빛깔의 꽃과 알뿌리의 독성 탓에 죽음의 꽃으로 여겨져 왔다. 그래서인지 꽃말도 두 번 다시 돌아올 수 없는 죽은 사람을 그리워하는 '슬픈 추억'이다.

한방에서는 비늘줄기를 약재로 쓰는데, 인후 또는 편도선이 붓거나 림프절염 · 종기 · 악창에 효과가 있고, 복막염과 흉막염에 구토제로 사용하며 치루와 자궁탈수에 물을 넣고 달여서 환부를 닦는다. 또한 비늘줄기는 여러 종류의 알칼로이드 성분을 함유하여 독성이 있지만 이것을 제거하면 좋은 녹말을 얻을 수 있다.

경전 속의 만수사화

1) 법화경 서품 – 2장 여섯 가지 상서를 나투시다

이때 하늘에서는 만다라꽃, 마하만다라꽃, 만수사꽃, 마하만수사꽃 들이 비 오듯이 내리어 부처님과 모든 대중 위에 뿌려졌으며, 부처님의 넓은 세계는 여섯 가지

로 진동하였다.

법화경 서품 – 3장 미륵보살이 물어 알리다

게송/ 문수사리 법왕자여 부처님은 무슨 일로 미간백호 큰 광명을 두루 널리 비추시며 만다라꽃, 만수사꽃 비오듯이 내려오고 전단향의 맑은 바람 대중들이 기뻐하니……

법화경 서품 – 4장 문수사리 의심을 풀어주다

이때 하늘에서는 만다라꽃과 마하만다라꽃과 만수사꽃, 마하만수사꽃 들이 비 오듯이 내리어 부처님과 모든 대중 위에 뿌려졌으며, 부처님의 넓은 세계는 여섯 가지로 진동하였느니라. 이때 법회에 모여 있던 대중 가운데 비구, 비구니, 우바새, 우바이와……

법화경 19 법사 공덕품–4장 이 경을 가진 이의 코의 공덕을 설하다

2. 수만나 꽃의 향기, 사제 꽃의 향기, 말리꽃의 향기, 첨복꽃의 향기, 바라라꽃의 향기, 붉은 연꽃의 향기, 푸른 연꽃의 향기, 희 연꽃의 향기와 꽃나무의 향기, 과일나무의 향기와 전단향 · 침수향 · 디마라발 향 · 다가라향 · 천만 가지 조합한 향과 혹은 가루향……

3. …제석천에 있는 바리질다라와 구비다라 나무의 향기와 만다라꽃의 향기, 마하만다라꽃의 향기와 만수사꽃의 향기 · 마하만수사꽃의 향기와 전단향 · 침수향 · 가지가지의 가루향과 여러 가지 꽃의 향기 등……

10. 하늘나라 많은 꽃들 만다라꽃 만수사꽃 바리질다 나무들도 향기 맡아 알아내며 하늘 나라 여러 궁전 상중하의 여러 차별 보배꽃의 장엄함을 향기 맡아 알아내며 하늘동산……

3) 대열반경 - 제10권 18. 병을 나타냄.

이때에 모든 하늘과 용과 귀신과 건달바, 아수라, 긴나라, 마후라가, 나찰, 건타, 우미타, 아바마라와 사람이 아닌 듯한 이들이, 같은 목소리로 말하기를 "위없는 세존께서 우리들을 많이 이익케 하신다." 하면서, 뛰놀고 기뻐하며, 노래하고 춤도 추고 몸을 움직이기도 하면서, 가지각색 꽃으로 부처님과 스님들에게 뭍으니, 하늘의 우발라화 · 구물두화 · 파두마화 · 분다리화 · 만다라화 · 마하만다라화 · 만수사화 · 마하 만수사화 · 산다나화 · 마하 산다나화,……

상사화相思花/자화석산紫花石蒜

학명: *Lycoris squamigera*
과명: 수선화과(Amaryllidaceae)
영명: Magic Lily, Resurrection Lily, Naked Lady, Pink Ladies, Surprise Lily, Hardy Cluster
이명: 하수선(夏水仙)

여러해살이풀로 한국이 원산지이며 관상용으로 심는다. 잎이 있을 때는 꽃이 없고 꽃이 필 때는 잎이 없으므로 잎은 꽃을 생각하고 꽃은 잎을 생각한다고 하여 상사화라는 이름이 붙었다. 지방에 따라서 개난초라고 부르기도 한다.

한방에서는 비늘줄기를 약재로 쓰는데, 소아마비에 진통 효과가 있다. 비늘줄기는 넓은 달걀 모양이고 지름이 4~5cm이며 겉이 검은빛이 도는 짙은 갈색이다. 꽃줄기는 곧게 서고 높이가 50~70cm이며 약간 굵다. 잎은 봄에 비늘줄기 끝에서 뭉쳐나고 길이 20~30cm, 폭 1~3cm의 줄 모양이며 6~7월에 마른다.

꽃은 6월에 피고 꽃줄기 끝에 산형꽃차례를 이루며 4~8개가 달린다. 총포는 여러 개로 갈라지고, 갈라진 조각은 바소꼴이며 길이가 2~4cm이고 작은 꽃가지의 길이는 1~2cm이고, 꽃의 길이는 9~10cm이며 붉은빛이 강한 연한 자주색이다.

화피는 밑 부분이 통 모양이고 6개로 갈라져서 비스듬히 퍼지며 갈라진 조각은 길이 5~7cm의 거꾸로 세운 바소꼴이고 뒤로 약간 젖혀진다. 수술은 6개이고 화피보다 짧으며, 꽃밥은 연한 붉은 색이다. 암술은 1개이고, 씨방은 하위(下位)이며 3실이고 열매를 맺지 못한다.

석산과 상사화의 차이점

석산은 무조건 붉은색이고 상사화는 분홍색 또는 노란색이다. 상사화는 봄에 파릇한 잎이 양분을 저장하고 난 후에 말라 죽고 6월경에 꽃대가 올라와 꽃이 피는데 꽃줄기가 높이 50~70cm 정도이다. 석산은 상사화와 비슷하지만 상사화보다 늦게 피며 꽃줄기 높이가 30~50cm 정도이다.

상사화에 얽힌 전설

서로를 그리워 하지만 만날 수 없는 숨바꼭질 같은 사랑을 '상사화' 사랑이라고 한다. 상사화란 '화엽불상견 상사화(花葉不相見 相思花)'에서 나온 말로 '꽃과 잎은 서로 만나지 못하지만 서로 끝없이 생각한다'는 뜻이다.

상사화에는 그 이름만으로도 몇 가지 전설이 있다.

어느 스님이 세속의 처녀를 사랑하여 가슴만 태우며 시름시름 앓다가 입적(入寂)한 후 그 자리에 피어났다는 설, 반대로 스님을 사모하여 불가로 출가하겠다는 딸을 억지로 결혼시켜 마음에도 없는 사람과 살게 해 이루지 못하는 사랑에 홀로 애태우다 죽은 여인의 넋이 꽃이 되었다는 이야기, 옛날 어떤 처녀가 수행하는 어느 스님을 사모하였지만 그 사랑을 전하지 못하고 시들시들 앓다가 눈을 감고 말았는데 어느 날 그 스님 방 앞에 이름 모를 꽃이 피자 사람들은 상사병으로 죽은 처녀의 넋이 꽃이 되었다는 전설 같은 이야기가 전해오고 있다. 한결같이 이루지 못한 사랑의 애절함을 표현해 '상사화'라는 이름이 붙었다는 점은 틀림없는 것 같다.

상사화와 관련된 전설이 대부분 스님과 관련되어서인지 사찰에 가면 상사화가 있는 곳이 많다. 그러나 실제 상사화를 절에서 많이 심는 이유는 인경(鱗莖)에서 전분을 추출하기 위해서였는데, 스님들이 탱화를 그릴 때 상사화 꽃은 말려 물감을 만들고, 뿌리는 즙을 내어 칠을 하면, 좀이 슬지 않고 색도 변하지 않았기 때문인 것이다.

사프란/번홍화番紅花

학명: *Crocus sativus*
과명: 붓꽃과(Iridaceae)
영명: Saffron, Saffron Crocus
이명: Kashmiirajan, Kashmiiran, Kumkuma, Nagakeshara(산스크리트), Kesar, Saphran, Zafraan(힌디), Klungumapu, Kungumappu, Kungumapu(타밀), Ya Faran(타이), Bankoka, Safuran, Sahuran(일본), 장홍화(藏紅花), 박부람(泊夫藍), 철법랑(撤法郎)

여러해살이풀로 온난하고 비가 적은 곳에서 잘 자란다. 유럽 남부와 소아시아 원산이다. 서쪽으로 지중해에서 동쪽으로 카슈미르에 이르는 지대에서 대부분 생산되는데, 전 세계적으로 연간 약 300톤이 생산된다. 그중에서도 이란이 전 세계 생산량의 94%를 독점한다. 그 외의 주요 생산국으로는 스페인, 인도, 그리스, 아제르바이잔, 모로코, 이탈리아 등이 있다.

높이는 약 15cm이며, 알뿌리는 지름 3cm로 납작한 공 모양이다. 잎은 알뿌리 끝에 모여 나며 줄 모양이고 꽃이 진 다음 자라면서 끝이 점차 뾰족해진다.

꽃은 깔때기 모양이며 10~11월에 자주색으로 피는데, 새 잎 사이에서 나온 꽃줄기 끝에 1개가 달린다. 꽃줄기는 짧고 밑동이 잎 집으로 싸여 있다. 화피와 수술은 6개씩이고 암술은 1개이다. 암술대는 3개로 갈라지고 붉은빛이 돌며 암술머리는 육질이다.

사프란은 음식에 첨가하여, 보기에 아름다운 노란색, 오렌지색의 컬러를 내는데 이용하며, 이란요리, 아랍요리, 중앙아시아요리, 유럽요리, 인도요리, 터키 요리, 모로코 요리 등에 널리 사용되고, 과자와 술에 들어가기도 한다.

사프란은 몽골족의 침입 때 중국에 들어간 것으로 추측되며 또한 중국과 인도를 위시한 여러 나라에서 직물 염색제로 사용되어 왔고, 향료로도 쓰였다.

중세 서양에서도 사프란 꽃의 암술머리에서 채취한 사프란 색소를 비단을 염색하는 데 썼다. 특히 보라색을 고귀한 색깔로 여긴 중세 서양에서는 성직자들이 입는 보라색 성의를 염색할 때 이 사프란 색소를 사용했다고 한다.

그리스와 로마에서는 집회장 · 궁정 · 극장 · 욕실 등에 향수로 뿌렸으며 특히 그리스의 고급 창녀 계층인 히티어리(hetaerae)들도 이 향수를 썼다. 네로 황제가 로마로 들어갈 때 로마 시내의 거리에는 사프란이 뿌려졌다.

동양에서는 몇 세기 동안 사프란은 손님을 환영하는 뜻을 나타내기 때문에 손님의 의복에 뿌리는 향료로 사용되었다. 인도에서는 사프란에 의한 착색이 인도 계급사회에서의 부의 척도로 여기기도 하였다.

10세기에 발간된 영국 의서에도 사프란이 나와 있지만 그 뒤 유럽의 서부지방에서는 사라졌다가 십자군들에 의해 다시 유럽으로 들어오게 되었다. 이처럼 다양한 역사를 가진 사프란은 여러 시대에 걸쳐 무게로 따져 금보다 비싼, 아직도 세계에서 가장 비싼 향신료이다.

건조된 사프란 1파운드를 만드는 데 5만~7만 5천 송이의 꽃이 필요하며, 5만 송이의 꽃을 따는 데 13시간가량의 노동이 요구된다.

사프란꽃을 넣어서 끓인 약차인 사프란차는 편두통과 현기증, 우울증 등 여성 특유의 병에 효과적이다. 서양에서는 천식과 발작을 진정시키는 약으로 쓰이고 향신료나 차의 재료로도 많이 사용된다. 중국이나 일본에서는 부인병과 타박상의 소염제로 사용되고 있으며, 한방에서는 중장탕(中將湯)의 주재료로 쓰인다.

또한, 암술 몇 개를 컵에 넣고 뜨거운 물을 부은 후 차 대용으로 계속해서 마시면 건위제가 된다. 한방에서는 번홍화(番紅花)라 하여 우울증 치료에 쓰이며, 가슴이 뛰고 현기증이 나는 것을 막아 주는 효과도 있다.

요리로는, 어패류를 이용한 프랑스 요리 부이야베스에 주요 재료로 들어가 향과 맛을 더해주고, 리조또, 빠에야 등의 착색을 위해 쓰이는데, 사프란은 쌀과 같은 친화성이 있는 먹거리와 조화를 잘 이룬다.

사프란의 색소성분은 기름에는 녹지 않고 물에 녹기 때문에 우선 물이나 탕에 용해시켜 그 착색 액을 요리에 사용한다. 또한 버터, 치즈, 페스트리, 파이, 케이크의 독특한 향과 색을 내는 데 쓰이고, 어패류 요리의 방향제로 쓰인다.

아유르베다에 의하면 사프란은 모든 도샤(체질)에 균형을 이루어주는 약재로서 음식물의 소화를 돕고 몸에서 독소를 제거한다고 한다. 최음제로서의 효능이 있으며 관절염, 천식, 간 질환의 치료에 도움이 되며 열을 내리게 한다고 알려져 있다. 음식에 사용할 때는 사프란을 우유에서 우려내어 사용하기도 하며, 디저트, 채소 요리, 쌀 요리 등에 다양하게 이용한다.

사프란 설화

옛날 그리스에 ‘크로커스’라는 청년이 ‘코린투스’라는 처녀를 사랑하였는데 그녀에게는 이미 약혼자가 있었다. 이들의 사이를 눈치 챈 코린투스의 어머니가 그들을 갈라놓자 비너스는 비둘기를 보내어 그들의 사랑을 도왔다. 이 사실을 안 어머니는 활로 비둘기를 쏘려 했으나 실수로 딸이 그 화살을 맞아 죽고 말았다. ‘코린투스’의 어머니는 그녀의 죽음을 애통해 하며 모든 원인이 ‘크로커스’에게 있다고 생각해 ‘크로커스’를 죽였고, 미의 여신 비너스는 애틋한 그들의 사랑을 불쌍히 여겨 꽃으로 만들었는데 그 꽃이 ‘크로커스’라 한다.

경전 속의 사프란

경전에 울금(鬱金)이란 식물이 나온다. 『대승본생심지관경(大乘本生心智觀經)』에 의하면 “울금화는 시든 것일지라도 다른 싱싱한 꽃보다 가치가 있다. 정견(正見)을 가진 비구도 이와 같아서 중생보다 백 · 천 · 만 배나 훌륭하다.”고 했다. 불교 경전에서는 미세한 울금향의 꽃가루에서 뽑아 낸 향기가 세상을 맑고 깨끗하게 하듯 올바른 삶이야말로 세상을 깨끗하게 할 수 있다고 가르치고 있는데, 불교 경전에서 말하는 울금은 식물학에서 지칭하는 울금과는 다른 식물이다. 한역된 불경에서 울금이라 하지만 사실은 사프란을 일컫는 말이다.

『근본설일체유부나야(根本說一切有部奈耶)』 제3권에는 물건의 가치를 논하고 있다. 즉, “물건은 서로 다른 네 종류로 나눌 수 있다. 첫째는 무게가 무거워서 가치가 있는 것이요, 둘째는 가볍지만 아주 값진 것이 있고, 셋째는 무거우면서도 쓸모없는 것이 있으며, 넷째는 가볍고 가치도 없는 것이다."

네 가지 물건 중에서 세 번째의 가장 부피가 작고 가벼우면서도 가치 있는 것이 곧 아름다운 무늬를 수놓은 비단과 울금향(鬱金香), 그리고 소읍미라(蘇泣迷羅)이다. 소읍미라는 산스크리트 어로 수크스마일라(Suksmaila)라 하는 향료인데 적은 양으로도 짙은 향기를 내뿜기 때문에 매우 값진 물건에 속한다. 여기서의 울금향은 붓꽃과의 사프란을 말한다. 사프란의 꽃술에서 딴 향료는 매우 적은 양이지만 값은 그 어느 보석보다 비싸 불경에서는 부피가 작은 것이나 가치 있다는 의미로 자주 인용되곤 한다.

고대 인도에서는 사프란의 암술머리를 증류하여 황금색의 수용성 직물염료를 얻었으며, 부처님이 열반 한 후에는 그의 제자들이 이 염료를 가사(袈裟)에다 물을 들이는 공식염료로 썼고, 몇몇 나라에서는 이 염료를 왕실 의복의 염색에 이용하였다.

대나무/죽竹

학명: *Phyllostachys nigra*(오죽), *Phyllostachys bambusoides*(왕대), *Sasa borealis*(조릿대)
과명: 벼과(화본과, Gramineae)
영명: Bamboo
이명: Take(일본), Baans 또는 Vanoo(힌디), Zhú (중국), Bambu(인니)

상록성 키 큰 풀의 총칭으로, 아열대 및 열대에서 온대지방까지 널리 퍼져 있으며 특히 아시아 남동부, 인도양과 태평양 제도에 그 수와 종류가 가장 많다. 속이 빈 줄기는 두꺼운 뿌리줄기에서 가지가 무리지어 나와 자란 것이다.

줄기는 종종 빽빽하게 덤불을 이루기도 하며 다른 식물들이 침범하지 못하게 한다. 줄기는 길이가 보통 10~15m 정도이나 큰 것은 40m가 넘는다. 무성한 잎은 납작하고 길쭉하며 가지에 달리지만, 어린 줄기에서 나는 잎은 줄기에서 바로 나온다. 대부분 몇 년 동안 영양생장을 한 다음 꽃을 피워 번식한다.

좀처럼 꽃이 피지 않지만, 필 경우에는 전 대나무밭에서 일제히 핀다. 대나무의 꽃은 대나무의 번식과는 무관한 돌연변이의 일종으로 개화병(開花病) 혹은 자연고(自然故)라고도 한다. 개화 시기는 3년, 4년, 30년, 60년, 120년 등으로 다양하며, 대나무 밭 전체에서 일제히 꽃이 핀 후 모두 고사한다.

대나무는 건축재, 가정용품, 낚싯대, 식물 지지대 등으로 쓰이며, 관상용으로 심거나 땅을 굳히는 데도 이용된다. 몇몇 대나무의 어린 순(죽순)은 채소로 요리하여 먹는다.

여러 종류의 대나무 중 특히 덴드로칼라무스 스트릭투스(*Dendrocalamus*

strictus)와 밤부사 아룬디나케아(*Bambusa arundinacea*)의 섬유와 펄프는 종이 제품을 만드는 데 쓰인다. 덴드로칼라무스 스트릭투스와 수대나무(male bamboo)로 알려진 비슷한 종류들의 단단한 줄기는 지팡이나 창 자루로 이용된다.

우리나라의 대나무

우리나라에는 왕대속(*Phyllostachys*), 해장죽속(*Arundinaria*) 및 조릿대속(*Sasa*)의 3속 15종의 대나무가 자라고 있는데, 특히 키가 10m 이상 자라는 왕대속 식물만을 대나무라고 부르기도 한다.

왕대속은 잎집이 일찍 떨어지며 마디에 눈이 2개씩 만들어지는 점이 다른 종류들과는 다른데, 우리나라에 자라고 있는 다섯 종은 모두 중국에서 들어온 것으로 알려져 있다. 왕대(*Phyllostachys bambusoides*)를 참대라고도 하며 충청 이남에서 심고 있다.

마디에는 2개의 고리가 있고 높이 20m, 지름 5~10㎝까지 자란다. 잎은 5~8장씩 달리며 길이는 10~20㎝인데 잎과 줄기가 만나는 곳에는 털이 나 있다. 줄기로는 여러 가지 가구나 공구를 만들며, 초여름에 올라오는 죽순은 캐서 삶아 먹는다.

주로 남쪽 지방에서 심는 죽순대(*P. pubescence*)는 마디에 고리가 1개만 있는 것처럼 보이며, 잎과 줄기가 만나는 곳은 털이 떨어지고 거의 없다. 5월에 나오는 죽순을 먹기 때문에 '죽순대'라고 하는데, 눈 쌓인 겨울에 죽순을 캐서 부모님께 효도하였다는 맹종(孟宗)의 이름을 따서 '맹종죽'이라고도 부른다.

오죽(*P. nigra*)은 고리가 2개이며 줄기가 검은색을 띠는 종으로 강릉 오죽헌에 심어진 대나무로 널리 알려져 있다. 오죽의 한 변종인 솜대(*P. nigra* var. *hononis*)도 널리 심고 있는데 흰 가루가 줄기를 뒤덮고 있기 때문에 '분죽'이라고도 부르며, 솜대의 마디 사이를 끊어 불에 굽거나 더운 물에 담가 우러나오는 진액을 죽력(竹瀝)이라고 하여 열병 치료에 쓴다.

조릿대속(*Sasa*)은 잎집이 떨어지지 않고 달라붙어 있고 한 마디에 눈이 하나씩 만들어진다는 특징이 있다. 조릿대는 1~5m쯤 자라며, 여섯 종의 조릿대 속 식물 중 소릿대(*S. borealis*)가 가장 흔히 자라고 있다.

가을에 열매를 따서 녹말을 얻어 죽을 끓여 먹기도 하고 어린잎을 삶아 나물로 먹기도 한다. 조릿대 잎을 그늘에 말린 것을 죽엽(竹葉)이라고 하는데 치열, 이뇨제와 청심제(淸心劑)로 쓴다. 제주도에는 제주조릿대(*S. quelpaeriensis*)가, 울릉도에는 섬조릿대(*S. kurilensis*)가 자라고 있다.

이대(*S. japonica*)는 조릿대속 식물과는 달리 수술 3개만을 지니고 있어 따로 이대속(*Pseudosasa*)으로 구분하기도 한다.

해장죽속(*Arundinaria*)에 속하는 해장죽(*A. simonii*)은 충남 이남에서 심고 있는데, 높이 6~7m쯤으로 잎집이 오랫동안 떨어지지 않으며 가지가 한 마디에서 세 개 이상 나온다. 대나무는 겨울에도 푸른 잎을 지니고 있으며 속이 비어 있으나 곧게 자라기 때문에 옛날부터 지조와 절개를 상징하는 식물로 여겨왔다.

경전 속의 대나무

석가모니 부처님이 성도한 후에 죽림원 속에 건립한 가람을 죽림정사(竹林精舍)라고 하고, 이 죽림정사가 불교 최초의 가람일 만큼 대나무숲(죽림)은 불교와 인연이 깊다. 대나무의 속이 빈 것과 위아래로 마디가 있는 특징을 들어 불가에서는 무심과 절도 있는 생활 태도를 비유하고 있다. 즉 불가에서 자주 인용하는 '대나무는 위아래로 마디가 있다'는 말은, 위아래의 질서와 절도를 지켜 누구나 그 질서 속에 안주해야 비로소 평화로운 사회가 이루어진다는 것인데, 대나무의 마디가 견고한 것은 비바람에도 굴복하지 않는 강인한 의지를 이름과 동시에 서로 협동과 융화를 도모해 나갈 것을 가르치고 있다.

1) 숫타니파타

자식이나 처에 대한 애착은 확실히 가지가 무성한 대나무가 서로 얽힌 것과 같다. 죽순이 다른 것에 잠겨 붙지 않는 것처럼 총명한 사람은 독립의 자유를 지향해서 무소의 뿔처럼 혼자서 가라.

2) 미린다왕문경

대왕이시여, 이를테면 파초, 대나무, 빈나마가 자기에게서 태어난 새끼에 의해 죽는 것과 같이, 대왕이시어 그와 같이 옳지 못한 행을 하는 사람들은 자기가 한 행위에 의하여 파멸되어 악으로 떨어집니다.

3) 출요경

파초는 열매를 맺고 죽으며 대나무와 갈대도 그와 같다. 노새는 새끼를 배면 죽고, 선비는 가난 때문에 자기를 잃는다.

길상초吉祥草

학명: *Desmostachya bipinnata* / *Eragrostis bipinnata*
과명: 벼과(Gramineae)
영명: Halfa Grass, Big Cordgrass, Salt Reed-Grass
이명: Kusa(산스크리트), 길상모(吉祥茅), 희생초(犧牲草)

인도와 미얀마에서 시리아와 아프리카 북서부에 걸쳐 분포하는 초본이며 반지중 식물로 서식지는 사질토이다. 지중해 숲지대와 관목대, 스텝기후 지역의 관목대, 사막과 사막 극단에 분포하고 있다. 인도에서는 비하르주의 가야 부근이나 뱅갈 지방 강가의 모래땅에 많다.

잎은 로제트(장미꽃) 형상으로 어긋나 있으며(호생), 잎의 표면은 부드럽고 짙푸른 색 또는 진한 갈색을 띄고 있다. 꽃은 녹색 혹은 보라색으로, 개화 기간은 6월~10월이다. 다육질의 인피와 가장자리가 톱니 모양인 꽃밥이 있으며 선형의 암술머리가 측면으로 돌출되어 있다. 땅속 줄기는 가지를 쳐서 군락을 이루고, 우기에 길이 20~45cm의 이삭이 곧바로 나온다.

학명인 *Desmostachya*에서, 'Desmos'는 'binding material'을 뜻하며, 'stachys'는 'a spike'로 꽃이 핀다는 의미이며, 'bipinatata'의 'bi'는 'twice', 'pinnat' 는 'feathered winged' 즉 twice feathered(두 번 깃털로 덮인)라는 의미이다.

예로부터 성스러운 풀로 인식되어 브라만의 상징으로 생각되었고 힌두교 의식에서 빠지지 않는 식물이다. 객사하였거나 행방불명된 사람은 이 풀로 인형을 그 시체에 넣어 화장하는 풍습이 있으며, 뿌리는 이질 등의 약으로 쓰이기도 한다. 종교적 의식에서 이 길상초가 없을 때는 대용으로 치가야, 문자초, 카샤 등 세 가지 식물이 쓰인다. 늦가을에 여무는 이삭은, 덥고 건조한 지역에서 잘 견디기 때문에 아프가니스탄에서는 목초로 쓴다.

역사 속에서는 파라오 쿠푸의 '태양의 배(solar boat)' 이야기에서 길상초를 발견할 수 있다. 쿠푸는 이집트 고왕국 제4 왕조의 제2대 파라오로, 그리스명은 Cheops이다.

쿠푸는 약 20여 년간 이집트를 통치한 것으로 추정되는데 그는 자신의 무덤으로 오늘날의 카이로 교외의 기자(Giza)에 밑변 230m, 높이 146.5m의 최대 피라미드를 남겼다. 2만 명의 노동자가 3개월 교대로 20년이 걸려서 축조하였다고 하며, 2.5톤의 거대한 돌 230만 개가 쌓여 있다고 한다.

피라미드 맞은편에는 쿠푸의 세 아내가 매장된 세 개의 작은 피라미드가 있고 그 속에 있었을 막대한 양의 부장품들은 모두 도굴 당했는데, 1954년 피라미드에서 2척의 '태양의 배'가 발견되어 화제를 불러일으켰다.

바로 피라미드 속 배인 '태양의 배'에 길상초(*Desmostachya bipinatata*)가 사용되었다고 하는데, 목조 부분을 안으로부터 로프로 연결시키고, 보트가 물을 흡수하고 나면 길상초로 만든 로프들이 팽창하여 목조 부분을 완전 밀폐시키는 역할을 했던 것이다.

이처럼 '태양의 배'는 실제로 사용한 배가 아니라, 죽은 파라오의 영혼이 저승에서 배를 타고 여행한다는 설에 따라 부장품으로 넣은 것으로 쿠푸의 피라미드에는 두 척의 배가 묻혀 있는 것으로 알려져 있다.

우리가 흔히 아는 길상초(*Reineckia carnea*)는 백합과의 여러해살이풀로 나무 그늘에서 자생하며 관상용으로 정원의 그늘진 곳에 심는 식물이다. 줄기는 땅 위, 땅속으로 뻗고 끝 부분에서 잎이 뭉쳐나고 꽃은 연한 자주색으로 여름에서 가을에 걸쳐 피고 꽃대는 10cm 정도로 위쪽에 수상꽃차례로 꽃이 핀다. 열매는 장과(漿果)로 둥근 육질이고 익으면 홍자색이 되는데, 길상초라는 이름은 집에 길한 일이 있으면 핀다하여 붙여진 이름이며 중국과 일본 남부에 분포한다.

경전 속의 길상초

길상초는 불교에 전래된 만(卍)자의 유래와 관계가 깊다. [수행본기경]의 부처님의 성도설화에는, 부처님께서 보리수나무 아래에서 수도를 할 때, 지나가는 농부에게 한 웅큼의 풀을 얻어 깔고 앉았는데, 그 풀의 끝이 卍자 모양의 길상초(吉祥草)였다고 하며, 그 이후, 만(卍)자는 부처님의 가슴, 손발, 머리, 허리에 보통 사람과는 다른 만자 덕상이 있다고 여겨 '만덕이 원만한 모양', '진리의 본체' 혹은 '부처님 신체에 있는 특이한 모습의 하나'로 불교의 상징으로서 사용되었다.

이런 이유로 불상의 가슴이나 손발에 만(卍)자를 그려 넣게 되었고, 불교기가 제정되기 전까지 '만(卍)'자가 불교기의 역할을 대신하기도 하였다.

1) 법화경 제23 약왕보살본사품 – 제4장 이익의 수승함을 나타내다

이 사람은 오래지 않아 반드시 길상초를 깔고 도량에 앉아서 마구니를 깨뜨리고 법의 소라를 불며 큰 법의 북을 둥둥 쳐서 모든 중생을 늙고 병들고 죽는 고통의 바다에서 건져내어 해탈하게 하리라…

보리/맥麥

학명: *Hordeum vulgare*
과명: 벼과(Gramineae)
영명: Barley
이명: 대맥(大麥)

한해살이풀로 자생지역은 온대, 아열대 지역이며 분포지역은 스코틀랜드, 노르웨이, 시베리아, 알프스, 아프가니스탄, 히말라야, 티베트, 페루, 한국 등이다. 국내 전 지역에 분포되어 있으며 주요 재배식물의 하나로서 높이 1m 정도다.

작은 이삭은 바깥껍질과 안껍질 안에 1개의 암술과 3개의 수술 및 한 쌍의 인피가 있다. 보리는, 잎집과 잎몸, 잎귀, 잎혀로 구성되는데 줄기 당 잎의 수는 5~10매 정도이며, 잎의 크기는 품종 간에 차이가 많다.

겉보리는 씨방 벽으로부터 유착물질이 분비되어 바깥껍질과 안 껍질이 과피에 단단하게 붙어 있고, 쌀보리는 유착물질이 분비되지 않아 성숙 후에 외부의 물리적 충격에 의해 껍질이 쉽게 떨어진다. 보리는 산성 토양에 극히 약하며 쌀보리는 겉보리보다 더욱 약하나 알칼리성 토양에서는 잘 견딘다.

보리의 원산지에 대해서는 여러 가지 학설이 있다. 야생종이 발견된 지역을 토대로 여섯 줄 보리는 중국 양쯔강 상류의 티베트 지방, 두 줄 보리는 카스피해 남쪽의 터키 및 인접 지역을 원산지로 보는 설이 가장 유력하다. 보리는 인류가 재배한 가장 오래된 작물의 하나로 알려져 있는데, 대체로 지금부터 7,000~1만 년 전에 재배가 시작된 것으로 추측하고 있다.

중국에서는 은(殷)나라 때 갑골문자에서 보리에 해당하는 것이 기록되어 있었다고 한다. 보리가 오곡 중의 하나로 설정된 것이 B.C. 2700년경의 신농시대라는 점에서도 그 재배 역사가 매우 오래됨을 알 수 있다.

한국에는 고대 중국으로부터 전파된 것으로 보이며, 일설에는 4~5세기경에 보리가 한국에서 일본으로 전파되었다고 한다.

보리에는 비타민 B1과 비타민 B2가 풍부하게 함유되어 있어 각기병 예방에 도움을 주는 식품이며, 섬유소가 쌀에 비해 10배 이상 함유되어 있어 변비에 좋고 포만감을 주어 다이어트에 효과가 있는 식품이다.

보리껍질에는 베타클루칸 성분이 풍부하게 함유되어 있어 혈당을 저하시켜주는 효과가 있다. 이뿐 아니라 보리에는 장속에 좋은 박테리아를 번식시켜 장을 튼튼하게 하는 효과가 있어 대장암을 예방하기도 한다.

보리는 다른 곡류보다 다양한 기후에 적응할 수 있어 온대, 아열대 등 그 기후에 알맞은 변종들도 있다. 일반적으로는 적어도 90일간의 생육기간을 필요하지만 때로는 더 짧은 기간에 생장해 성숙할 수도 있다. 한 예로 히말라야의 경사지에서는 수확량이 다른 곳에 비해 적기는 하나 그보다 더 짧은 기간에 재배할 수도 있다.

또, 보리는 다른 작은 곡류보다 건조한 열에 더 강해서 북아프리카의 사막 근처에서도 잘 자라는데, 여기서는 주로 가을에 씨를 뿌린다. 봄에 씨를 뿌리는 종류는 특히 유럽 서부나 북미 대륙과 같이 차고 습기가 많은 곳에 적당하다.

보리는 짚이 부드러워 주로 가축의 깔깃과 거친 사료로 쓰며 한국을 비롯한 동양에서는 주로 식량으로 이용하고 소주, 맥주, 된장, 고추장을 만들기도 한다. 또한 엿기름으로 식혜를 만들어 먹고, 보리를 볶아서 보리차로 이용한다.

불교 경전 속의 보리

1) 미린다왕문경 – 제2장 대론(對論). 12. 지혜의 특징에 관하여

"뜻의 작용은 어떻게 하여 움켜쥠을 특징으로 하고, 지혜는 어떻게 하려 끊어버림을 특징으로 합니까? 비유를 들어 설명해 주십시오."

"당신은 보리를 베는 사람을 알고 있습니까?"

"알고 있습니다."

"그 사람들은 보리를 어떻게 벱니까?", "왼손으로 보릿대를 움켜잡고 오른 손으로 낫을 들어 보리를 벱니다.", "대왕이여, 이와 같이 출가자는 뜻의 작용에 의해 자기 마음을 움켜잡고 지혜에 의해 자기의 번뇌를 끊어버립니다."

벼/도稻

학명: *Oryza sativa*
과명: 벼과(Gramineae)
영명: Paddy Rice, Asian Rice, Burgundy Rice, Burgundy Rice Plant, Common Rice, Cultivated Rice, Lowland Rice, Red Dragon Oryza Sativa, Red Rice, Rice, Upland Rice
이명: Chavel(인디), Vrihi(산스크리트), Pacharisi, Risi(타밀), Dao Zi(Seed), Mi(Polished Grain), Shui Dao, Ya Zhou Zai Pei Dao, Zhan Dao, Zhan Nian(중국), Gemmai(Unpolished), Hakumai(White Polished), Ine, Raisu, Suitou(일본), Padi(인도네시아, 말레이)

일년초인 벼는 인도, 말레이가 원산으로 전 세계 인구의 40% 정도가 쌀을 주식으로 하고 있고 주로 논이나 밭에서 식량 자원으로 재배하는데, 줄기는 뿌리에 가까운 곳에서 가지를 쳐서 포기를 형성하여 자라며 높이는 1m 내외이다.

벼는 자가수분 작물로 꽃 하나에 암술 1개와 6개의 수술이 달려 있으며 벼꽃은 줄기 끝에 이삭이 나와 원추 꽃차례로 작은 이삭 형태로 달리고 개화와 동시에 수분이 이뤄진다. 또한 벼의 화기는 불완전하여 꽃잎과 꽃받침도 없고, 꽃에 둘러싸여 오직 암술과 수술만 있다. 바람에 의해 수정되는 풍매화이다.

잎은 선형으로 가늘고 길며 가장자리가 거칠다. 쌀의 성분은 탄수화물 70~85%, 단백질 6.5~8.0%, 지방이 1.0~2.0%이며, 쌀 100g의 열량은 360cal 정도이다.

쌀을 식물학적으로 분류하면 한국, 일본 중심의 일본형(Japonica type), 인도와 동남아 중심의 인디카 형(Indica type), 인도네시아 자바 섬을 중심으로 분포하는 자바니카 형이 있으며, 형태와 크기별로 분류하면 장립종, 대립종, 소립종, 중립종, 단립종이 있다.

벼 속의 식물은 20여 종 이상이 알려져 있으나 실제로 재배되고 있는 것은 벼(*Oryza. sativa*)가 대부분이다. 수많은 종 중 재배종이 된 것은 단 두 종뿐이며 아시아를 중심으로 재배되어 널리 확산된 것은 *O. sativa* 이며, 서부 아프리카의 극히 일부에서만 *O. glaberrima*를 소규모로 재배하고 있으나 이는 원시적인 벼로서 재배 면적도 적고 생산도 많지 않아 점차 *O. sativa*로 대체되어 가고 있다.

쌀은 몸을 보호하고 원기를 돋아 주고 모든 장기를 건장하게 하며 위장을 보호한다. 자양 강장, 소화건위, 원기 회복, 해독, 지시약으로 쓰일 수 있으며, 납 성분의 흡수를 억제하고 고혈압, 신장병에 효과적이며 발암 억제와 이뇨를 치료함과 동시에 신장 결석을 예방한다.

섬유질 성분이 있어 구리, 아연, 철 성분 등과 결합하여 우리 인체에 해로운 중금속이 인체에 흡수되는 것을 막아주기도 하며, 백미와 현미를 적절하게 섞어 먹으면 약용으로 몸을 보하고 원기를 돋아준다. 또 모든 장기를 활발하게 하여 위장을 보호하며 설사를 멈추게 하고 중독증상을 해독 억제하는 작용도 한다.

한방에서는 성질이 평하고 맛이 단 벼를 도(稻)라 하여 뿌리를 제외한 전초를 어깨 결림이나 아토피성 피부, 복통, 소갈, 황달, 신경통, 변비, 대장암 예방, 노화 방지, 결석, 피부 미용, 다이어트 약재로 사용한다.

경전 속의 벼

1) 입능가경(入楞伽經) 제8권 – 16. 차식육품(遮食肉品)

대혜여, 내가 제자들에게 성인의 응당 먹을 바 음식을 먹으라 함은, 성인의 멀리하는 음식을 말함이 아니니, 성인의 먹음이라 능히 한량없는 공덕을 내며 모든 허물을 멀리 떠난 것이니라.

대혜여, 과거와 현재의 성인의 먹음이란 이른바 메벼쌀(糖米)과 대맥(大麥)과 소맥(小麥)과 대두(大豆)와 소두(小豆)와, 가지가지 기름과 꿀과 감자(甘蔗)와 감자즙과 건타말, 사탕, 간제(干提)등이니, 때를 얻는다면 먹는 것을 들어 주고 깨끗함이라 하느니라.

2) 숫타니파타 – 2. 작은 장

그대들은 힘을 합해 그런 사람들을 물리치라. 쌀겨처럼 그를 키질하여 티끌처럼 날려버려라. 그리고 사실은 수행자가 아니면서 수행자인 체하는 쌀겨들도 날려버려라. 빗나간 욕망에 사로잡혀 있고 그릇된 행동을 하며 나쁜 곳에 있는 그들을 날려버려라.

3) 밀린다왕문경 – 제2장 대론. 74. 벳산타라왕의 보시

대왕이여, 이를테면 큰 솥에 물을 가득 채원 쌀을 넣은 다음 솥 밑에서 불을 때면 맨 먼저 솥이 뜨거워지고 다음에 물이 끓고 그 다음에 쌀이 뜨거워집니다. 쌀이 뜨거워질 때 물거품 고리가 생기는 것처럼 벳산타라 왕은 세상에서 버리기 어려운 것을 버리는 보시하는 행하였기 때문에 땅속 큰 바람이 견디지 못해 격동하고, 큰 바람이 격동하자 바닷물이 진동하고~

밀린다왕문경- 제3장 논란.89.해탈한 성자도 번뇌가 남아있는가

그 밖의 여러 가지 꽃은 그저 꽃에 지나지 않고 밧시카아를 더 좋아하고 사랑합니다. 또 모든 곡식 중에 쌀이 제일이라고 합니다. 그 밖의 여러 가지 곡식도 식물로서 체력의 유지에 유용하지만 딴 곡식에 비해 쌀이 제일입니다.

밀린다왕문경-제4장 수행자가 지켜야 할 덕목. 117. 환속에 대하여

우수한 품종인 빨간 벼 속에 섞여 있는 카룸바카라는 벼는 성장해서 가끔 말라죽는 일이 있습니다. 그러나 카룸바카가 말라 죽는다고 해서 빨간 벼의 우수함이 사라지지는 않습니다.

4) 대방등여래장경 – 번뇌의 아홉 가지 비유.

3. 단단한 껍질 속에 감추어져 있는 열매

맵쌀의 껍질과 겨를 아직 벗기지 않았을 때는, 가난하고 어리석은 자는 가볍게 여기고 천하게 생각하여 버려야 한다고 생각한다. 그러나 탈곡을 하면 항상 유용하게 쓰이는 것과 마찬가지로 여래의 무량한 지식과 혜안을 번뇌(맵쌀의 껍질과 겨)가 덮고 있다.

사탕수수/감저甘蔗

학명: *Saccharum officinarum*
과명: 벼과(Gramineae)
영명: Sugar Cane, Sugarcane, Cultivated Sugarcane, Noble Cane, Noble Sugarcane, Purple Sugarcane
이명: Ikshava(산스크리트), Tubo(타갈로그), Tebu, Telur(말레이) Teboe, Tebu, Tebu(Indonesia), Sato-Kibi(일본)

여러해살이풀로 원산지는 인도이며, 분포지역은 인도와 쿠바, 브라질, 멕시코, 필리핀, 호주, 하와이, 중국이다. 높이는 2~6m로 줄기는 무리지어 나오며 자라는데, 곧게 서며 가지를 치지 않는다. 줄기에는 설탕의 원료가 되는 수크로오스가 10~20% 정도 들어 있다. 현재의 재배종은 자생하는 여러 종을 교잡하여 만든 것이다.

줄기에는 20~30개의 마디가 있고 잎은 어긋나며 길이 70cm 정도인데 꽃은 가을에 잿빛을 띤 흰색으로 피며, 줄기 끝에 달린다. 꽃 이삭은 원뿔형이고 길이 59~60cm이며 수많은 작은 이삭이 달린다. 꽃에는 3개의 수술과 2개로 갈라진 1개의 암술이 있다.

사탕수수 줄기에 묻어 있는 당분은 결정체와 비결정체의 2종류로 구분한다. 결정체는 사탕수수당 혹은 감저당(cane sugar)이라고 하여 제당과정에서 쉽게 결정을 이루어 설탕이 된다. 비결정체는 주로 포도당과 과당으로 되어 있는데 결정이 되지 않고 액체 상태로 있는 당분이다. 줄기에 들어 있는 수크로오스의 함량은 줄기의 부분에 따라 다른데, 줄기의 중간부분에 가장 많고 아랫부분과 윗부분에는 적다.

재배는 연평균기온 20℃ 이상이어야 하고 연강우량 1,200~2,000mm가 필요하므로, 한국에서는 재배가 어렵다. 재배할 때는 해마다 1마디나 2~3마디로 줄기를 잘라서 심고 보통 심은 뒤 1년에서 1년 반 정도 지나면 수확한다.

사탕수수는 약간 차가운 성질을 지녔으며, 폐와 대장의 기능을 좋게 하는 효능이 있다. 심장이 비정상적으로 빨리 뛰거나 할 때에는 이를 정상기능으로 돌려놓는 안정제의 역할도 한다. 선천적으로 폐와 대장의 기능이 강한 사람을 제외하고는 폐와 대장이 약하고, 불안하고 긴장된 심리상태가 유달리 심한 사람에게 설탕은 아주 좋은 효과를 나타낸다.

사탕수수의 주성분인 당 성분이 있어서 한방에서는 감완이라 부르며 몸을 이완시켜주기 때문에 일상생활에서 숙취 해소 딸꾹질 피로 회복에 많은 도움이 된다.

경전 속의 사탕수수

1) 미린다왕문경 – 논란 3. 부처님의 지도 이념(일체중생을 이롭게 함)

"부처님이 법문을 설할 때도 그러합니다. 또 농부가 씨를 뿌리기 위하여 밭을 간다고 합시다. 그때 농부는 수천 수백의 풀을 갈아 죽입니다. 마찬가지로 부처님이 법문을 설할 때, 바르게 받아들이는 사람은 진리를 깨닫지만 잘못 받아들이는 사람은 저 풀과 같이 됩니다. 또 사람들이 단 것을 만들기 위하여 감저를 기계에 넣고 압축한다고 합시다. 감저를 압축할 때 기계 속에 묻어 들어간 벌레들은 압축되어 죽습니다. 마찬가지로 부처님은 마음이 트인 사람들 깨치게 하기 위하여 진리의 기계로 압축합니다. 그러나 잘못 묻어 들어간 사람은 저 벌레처럼 사멸합니다."

비라나/우시라優尸羅

학명: *Vetiveria zizanioides*
과명: 벼과
영명: Khus-Khus, Cuscus Grass, Khus Khus, Vetivergrass, Vetiver Grass, Vetiver Root, Khas-Khas
이명: 우씨라

벼과 식물로서 높이 60~150cm 정도이며 다년생 초본이다. 히말라야 산기슭에서나 미얀마, 인도, 스리랑카 등지에서 자생하고 강가, 호수, 늪지대 등 습지대에서 잘 자란다.

벼과 식물인 줄(*Zizania latifolia*)과 매우 비슷하며 잎은 선형으로 끝이 뾰족하며, 꽃은 원추꽃차례로 자주색 꽃이 핀다. 잎에는 향이 없고, 뿌리에는 백단향과 같이 좋은 향이 있어 이것을 증류시켜 기름을 짠다.

인도에서는 더운 여름에 우시라 뿌리를 묶어 짠 것을 건물의 창이나 출입문에 매달고 물을 뿌려 기화열을 이용한 냉방을 한다. 약용으로서 우시라의 뿌리는 인도에서는 예로부터 열병 치료약이었으며 뿌리 약재로서 불교경전이나 고대 의학서 등에서 열병을 다스리는 중요한 약으로 수록되어 있다. 남인도의 우시라가 향기가 좋고 품질이 더 좋은 것으로 알려져 있으며, 인도와 스리랑카에서는 우시라 오일이 평안을 가져다주는 오일로 알려져 있다.

천연 식물의 정유로부터 탄생한 아로마 향수가 기분전환을 위한 향(리프레쉬 타입)과 로맨틱 향, 편안함을 주는 향의 종류가 있다면, 우시라향은 촉촉함을 머금은 흙내음과 같은 분위기의 향을 제공해 편안한 느낌을 주는 향에 속한다.

정유의 추출부위는 뿌리이고 수증기 증류법에 의해 향을 추출한다. 효과로는 구충, 방부, 신경안정(불안증, 불면증 등), 진정효과와 함께, 피부에 수분을 공급하는 특성이 있어 건성 피부와 자극받은 피부에 좋고 상처나 주름, 임신선 등으로 인한 자극을 개선시키는 작용을 한다. 또한 부드러운 발적 작용을 하는 오일이므로 관절염, 류마티즘을 위한 블렌딩에도 사용되지만 사람에 따라서는 알러지를 일으키기도 한다.

줄(*Zizania latifolia*)은 연못이나 냇가에서 자라며 굵은 뿌리줄기가 진흙 속으로 뻗어가며 잎이 무더기로 나오고 높이 1~2m이다. 잎은 길이 50~100cm, 폭 2~4cm이며 분홍색이고 밑이 좁아지며 주맥이 굵다. 깜부기에 걸린 대는 마디사이가 길어지지 않고 물속에서 자라서 버섯같이 되며 식용으로 한다. 검은 포자는 화장품 또는 세피아 그림물감의 대용품으로 하는데 한국, 일본, 중국, 시베리아 동부에 분포하며 미국의 와일드 라이스(wild rice: *Z. aquatica*)는 아메리카 인디언이 채취하여 식용하고 있다.

경전 속의 비라나

1) 법구경(法句經 Dhammapada) – 24. 애욕의 장

방종한 자의 갈망은 칡넝쿨처럼 자란다. 숲 속에서 열매를 찾아다니는 원숭이처럼…… 누구나 이 강렬한 갈망과 독(毒)이 세상에서 승하면 슬픔은 무성한 비라나풀처럼 자란다.

이 세상에서 누르기 어려운 이 강렬한 갈망을 억제한 사람은 모든 슬픔을 여윌 것이다. 마치 물방울이 연꽃잎에서 떨어지듯이~

파초芭蕉

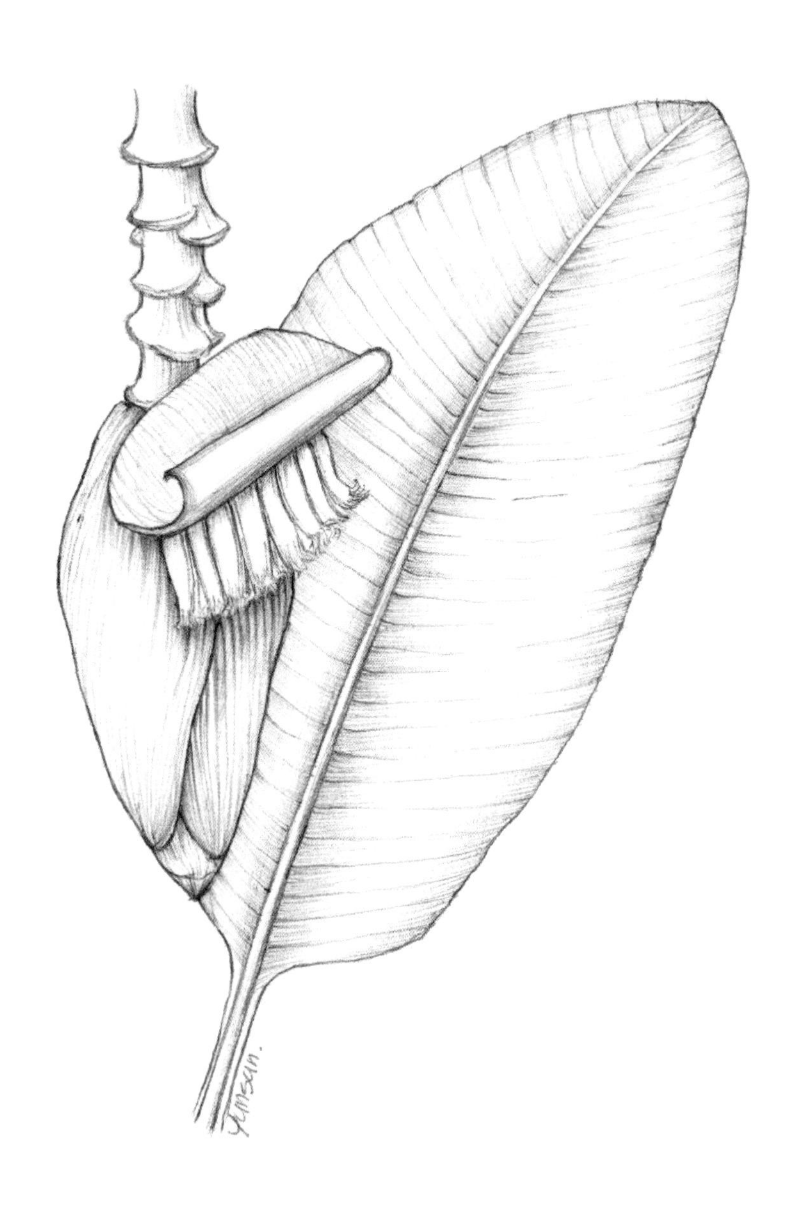

학명: *Musa sapientum*
과명: 파초과(Musaceae)
영명: Banana
이명: 북초, 향초, Kadali(산스크리트), Moka

열대 아시아가 원산지인 상록 여러해살이풀로 높이가 3~10m이다. 땅속 깊이 들어가 지지 작용을 하는 뿌리와, 땅 밑 30cm까지 들어가 옆으로 퍼지고 뿌리털이 달려 흡수작용을 하는 뿌리가 있다.

바나나가 열리는 식물은 나무가 아니라 풀이며 바나나 줄기는 잎이 촘촘히 겹쳐 싸여 있는 구조로 엽초라 불리는 것이 단단히 둘러싸여 있어 의사줄기(pseudo-stem)라 불린다.

잎은 긴 타원 모양이고 길이가 2.5m, 폭이 60cm이며, 굵은 가운데 맥이 있다. 꽃줄기가 자라면서 밑으로 처지고, 그 끝에 짙은 자주색의 포가 있는데 꽃줄기의 밑 부분에는 암꽃, 끝 부분에는 수꽃, 중간 부분에는 양성화가 달린다.

꽃은 7~8월에 황색을 띤 흰색으로 피고, 각 포 겨드랑이에 2단으로 병렬하며, 포가 꽃 전체를 감싼다. 수술은 5개, 암술은 1개다. 씨방은 하위(下位)이며, 3실로 갈라지고, 밑씨의 수가 많다. 종자가 있는 품종과 없는 품종이 있다.

열매는 장과에 속하며, 계단 모양으로 달리는데 날것을 그대로 먹는 품종(common banana)은 길이가 6~20cm, 지름이 3.5~5cm이다. 요리용 바나나(plantain banana)는 길이가 30cm, 지름이 7cm이다. 열매의 색깔은 잿빛을 띤 흰색 · 노란색 · 주황색 등이 있고, 향기와 단맛 등에 차이가 많다. 종자는 짙은 갈색이고, 편평한 둥근 모양이며, 지름이 5mm이다.

바나나는 '지혜로운 자의 과실(*Musa sapientum*)' 또는 '낙원의 과실(*Musa paradisiaca*)'이라는 아름다운 학명을 가지고 있다. 지금은 씨 없는 품종을 상업적으로 재배하기 때문에 씨앗이 없지만 원래는 과육 안에 씨앗이 아주 많았다.

아무리 큰 바나나식물도 일단 바나나가 수확되고 나면 죽는다. 바나나의 번식은 접붙이기나 줄기번식을 하는데, 바나나 나무는 죽기 전에 옆으로 분지처럼 새로운 땅속줄기를 탄생시키고 이 어린 바나나가 자라기 시작하여 6~7개월이 되면 꽃이 피고 바나나가 열린다. 그리고 9~12개월이 되면 바나나를 수확할 수 있다. 바나나는 이렇게 하나의 뿌리에서 계속 자손이 나와 자라고 열매를 맺는 속성 때문에 이슬람교도들에게는 다산과 번영의 상징으로 사랑받고 있다. 그래서 결혼식 때마다 집 앞에 바나나를 걸어놓는 풍습이 있다고 한다.

바나나는 품종에 따라 약간 다르기는 하지만 대체로 74%의 물, 23%의 탄수화물, 1%의 단백질, 0.5%의 지방, 2.6%의 섬유질을 가지고 있다. 하지만 익어가면서 대부분의 탄수화물이 당으로 변하고 1~2%만이 녹말로 남게 되어 바나나가 익어갈수록 단맛이 증가하는 것이다.

바나나는 칼륨을 비롯한 무기질이 풍부하여 혈압을 떨어뜨리는 효과가 있는데 그 효과는 덜 익은 것보다는 잘 익은 것이 더 크며, 다른 과일에 비해 탄수화물이 많아 살찌는 과일이라 생각하기 쉽지만 풍부한 식이섬유가 포만감을 주므로 오히려 다이어트에는 적당하다.

바나나는 영양가가 높은 과일로 수분이 적고 당질이 많은데, 당질 또한 소화 흡수가 잘 되므로 위가 약한 사람이나 갓난아이에게 좋으며, 특히 운동을 하기 전 바나나를 먹으면 근육 생성을 활발하게 하는 작용을 한다.

껍질에는 강한 산 성분이 있으므로 치아를 닦아 주면 미백 효과가 있고, 바나나에 많이 들어 있는 비타민 A와 단백질 성분이 피부 세포에 영양을 공급해 주기 때문에 거친 피부를 촉촉하게 하고 피부 노화를 지연시켜 피부를 탄력 있게 해주기도 한다.

경전 속의 파초

1) 대집경

오음(五陰)은 물방울과 같고, 물거품과 같고, 열기와 같고, 불꽃과 같고, 파초와 같고, 환상과 같고, 꿈과 같고…

2) 미린다왕문경

대왕이시여, 이를테면 파초, 대나무, 빈나마가 자기에게서 태어난 새끼에 의해 죽는 것과 같이, 대왕이시여 그와 같이 옳지 못한 행을 하는 사람들은 자기가 한 행위에 의하여 파멸되어 악으로 떨어집니다.

3) 출요경

파초는 열매를 맺고 죽으며 대나무와 갈대도 그와 같다. 노새는 새끼를 배면 죽고, 선비는 가난 때문에 자기를 잃는다.

울금鬱金

학명: *Curcuma longa*
과명: 생강과(Zingiberaceae)
영명: Curcuma, Turmeric, Tumeric, Indian Saffron, Yellow Ginger, Long Rooted Curcuma,
이명: Haridra, Marmarii, Nisha, Rajani(산스크리트), Yu Chiu, YuJin(Yu Chin)(중국), Haldi, Haldii(힌디), Taamerikku, Tamerikku, Ukon(일본), 강황, 터메릭, 투메릭, 심황, Manjal(타밀),

울금(鬱金)은 생강과에 속하는 열대 아시아가 원산인 다년생 숙근성(宿根性) 초본 식물로 약용과 관상용으로 각지에서 재배되고 있다. 뿌리는 굵고 튼튼하며 말단이 팽대하여 긴 달걀 모양 덩이뿌리 형태를 이루고 있다.

잎은 기부에서 나오며 잎자루의 길이는 약 5cm이고 기부의 잎자루는 짧거나 거의 없으며 엽이(葉耳)가 있다. 높이 50~150cm까지 자라며 잎의 모습은 칸나와 비슷하게 생겼고 잎맥이 선명한 것이 특징이다.

땅속에 지름 3~4cm의 굵은 뿌리줄기가 있으며, 중심 뿌리줄기는 공 모양에 가깝다. 갈라져 나온 뿌리줄기는 원기둥 모양으로, 바깥쪽은 갈색이고 속은 귤색인데 생강처럼 생겼다. 잎은 끝이 뾰족한 타원형이며, 잎자루가 길고 4~8개가 다발 모양으로 나온다.

초가을에 꽃줄기가 20cm 정도 자라서 끝에 꽃송이가 달리며, 비늘 모양으로 겹쳐진 꽃 턱잎 안에 흰색 또는 연 노란색 꽃이 4~6월에 핀다. 하지만 극히 드물게 가을에 꽃이 피는 경우도 있다.

기원전 600년경의 기록인 『앗시리아 식물지』에서도 울금은 이미 '착색성 물질'로 알려져 있었다. 인도, 동남아시아, 중국에서도 옛날부터 비단과 면을 물들이는 염색약으로 사용해왔고, 사람이 먹는 식품의 색깔을 물들이는 착색제 용도로 이용해 왔다. 현재도 식용인 카레, 피클, 버터, 단무지를 물들이는 데 이용되고 있다.

울금은 맛은 맵고 쓰며 성질은 서늘하고 독이 없으며, 심, 폐, 간경에 작용하고, 기의 순환을 촉진시키고 울결된 것을 풀어주며 혈액을 서늘하게 하며 어혈을 없애는 효능이 있다.

울금과 강황의 차이

강황(*Curcuma aromatica*)은 식물분류상 생강과 쿠르쿠마속에 속하는 다년생 초본으로 현재 전 세계 대부분 의학 논문에서 커큐민(curcumin)을 언급할 때 같이 언급되는 원료식물도 바로 이 강황이다. 왜냐하면 인도인들이 늘 먹는 haldi 또는 haridra가 바로 이 강황이기 때문이다. 인도에서 발행한 haldi 또는 haridra 우표에도 *Curcuma aromatica*라고 적혀 있다.

쿠르쿠마속(*Curcnma*)에 속하는 식물이 전 세계적으로 50종이 있고 그들이 약간씩 다르게 생겼지만 겉보기에는 유사한 식물이라 명칭에 혼돈이 생길 수 있는데 그중 가장 오해가 생기는 것이 바로 울금이다.

울금(*Curcuma longa*)은 같은 속에 속하며 꽃의 색깔 등에서 강황과 차이가 나지만 약용으로 사용하는 뿌리만으로는 전문가가 아니면 구별하기가 힘든데,

특히, 일본에서는 대부분 강황을 울금의 한자식 발음인 우콘 혹은 우킨이라 부르고 있다. 그리고, 정작 울금은 강황(쿄우오우, 강황(薑黃))이라고 부르고 있다. 중국에서도 예로부터 의학서에 울금과 강황을 다른 식물로 표기해 왔다.

즉, 중국에서 울금(鬱金)이라 부르는 것을 일본에서는 쿄우오우, 강황(薑黃)또는 봄우콘(*Curcuma aromatica*)이라고 하고, 강황(薑黃)을 우콘, 울금 또는 가을 울금(*Curcuma longa*)이라고 부르고 있는 것이다.

경전 속의 울금

1) 대승본생심지관경(大乘本生心智觀經)

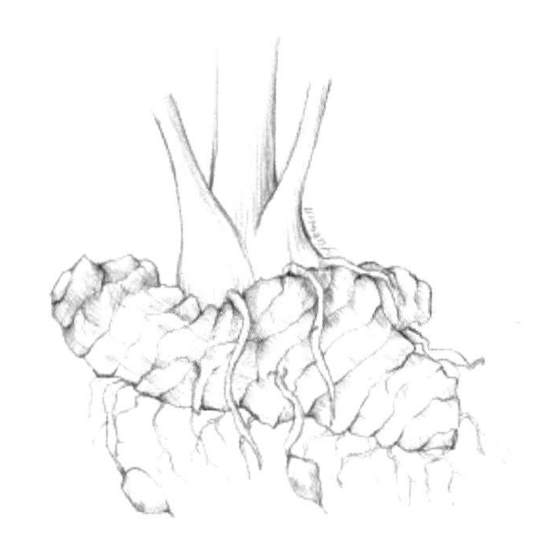

울금화는 시든 것일지라도 다른 싱싱한 꽃보다 가치가 있다. 정견(正見)을 가진 비구도 이와 같아서 중생보다 백 · 천만 배나 훌륭하다.

2) 능엄경- 단(壇)을 만드는 방법

만약 눈 덮인 산이 아니면 그 소가 냄새나고 더러워서 땅에 바를 수가 없으니 특별히 평평한 언덕에서 땅 거죽을 거두어내고 다섯 자 아래에서 황토를 취해다가 전단향 · 침수향 · 소합향 · 훈육 · 울금 · 백교 · 청목향 · 영능향 · 감송향 · 계설향과 골고루 섞어서 이 열 가지를 곱게 갈아 가루를 만들어서 황토와 배합하여 진흙을 만들어 도량의 지면에 발라야 하나니라.

3) 무구정광대다라니경(無垢淨光大陀羅尼經)

만일 비구 비구니 우파아사카 우파아시카아들이 스스로 탑을 조성하거나 남을 시켜 조성하거나 낡은 탑을 중수하거나 작은 탑을 흙으로 만들거나 벽돌로 만들거나 할 적에는 먼저 주문을 일천팔 번 외운 뒤에 탑을 조성할 것이며 크기는 혹 손톱만 하게, 혹 한 자쯤 되게, 혹 한 유순쯤 되게 조성하면 이 주문의 신력과 정성으로 인하여 그 만든 탑에서 기묘한 향기를 낼 것이니 이른바 우두전단향기 · 적전단 향기 · 백전단 향기 · 용뇌 · 사향 · 울금 등의 향기와 천상의 향기들이니라.

베텔야자/빈랑수檳榔樹

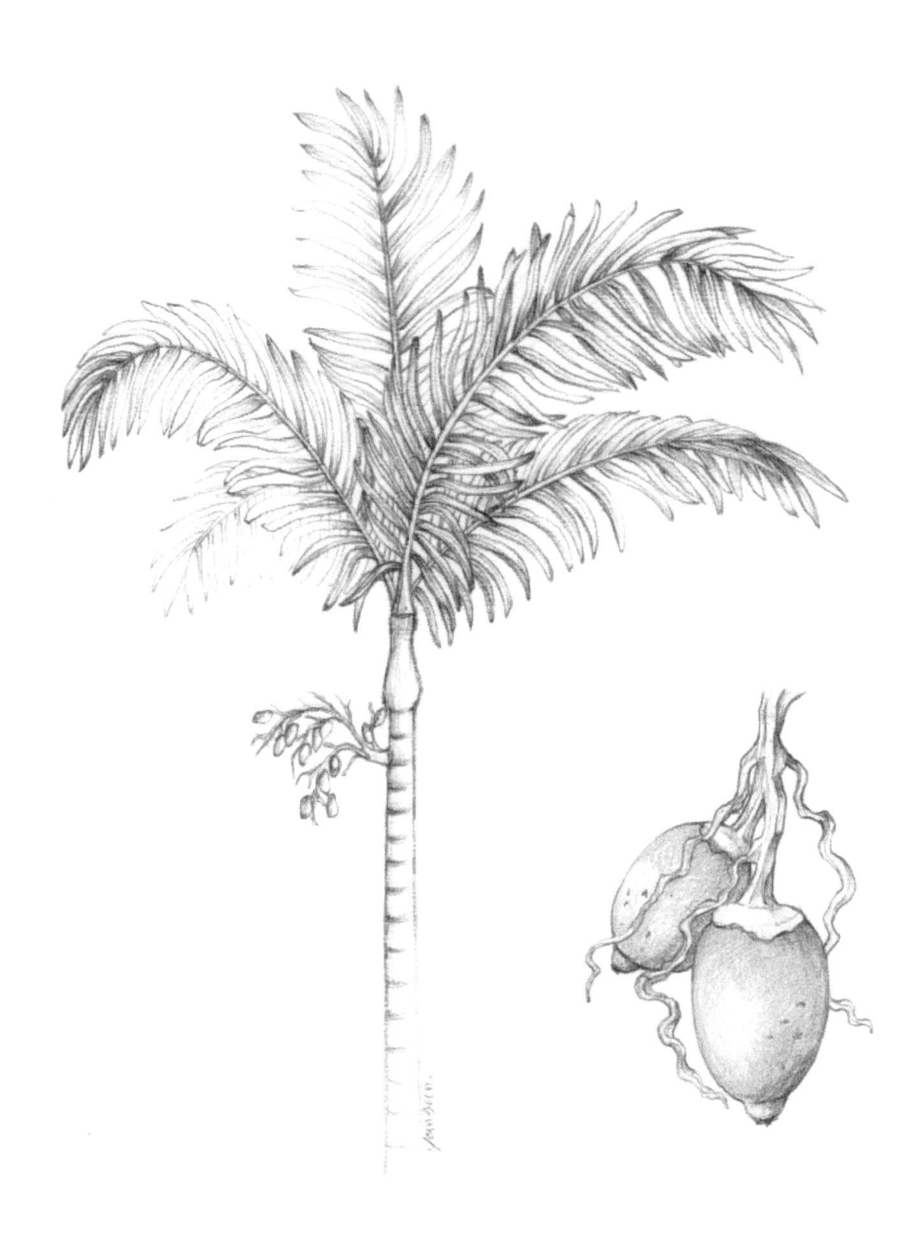

학명: *Areca catechu*
과명: 종려과(Arecaceae = 야자과 Palmae)
영명: Areca Nut, Areca Nut Palm, Areca Palm, Areca-Nut, Betel Nut, Betel Nut Palm, Betel Palm, Betelnut, Betelnut Palm, Bunga, Catechu, Indian Nut, Indian-Nut, Pinang
이명: Puga, Pugaphala(산스크리트), Supaadii, Supaarii, Supari(힌디), Bunga(타갈로그), Bakkumaroma, Kamugu, Kathakambu(타밀), Supari(인디), Areka Yashi, Binrou, Binrouju Supari(일본), Binláng(타이페이), 저빈랑(猪檳榔), 빈랑피(檳榔皮), 빈랑의(檳榔衣), 빈랑각(檳榔殼), 복모(茯毛), 대복융(大腹絨), 대복빈랑(大腹檳榔), 대복모(大腹毛), 구장(蒟醬)

말레이시아가 원산인 빈랑수는 높이 25m 이상 자라고 가지가 갈라지지 않는다. 한자어 빈랑은 귀한 손님(賓郎)이라는 뜻에서 나온 말이다. 손님이 왔을 때 식후에 껍질과 함께 구장(베틀후추), 카다몬, 회향과 함께 싸서 씹기 때문이다. 열대 아시아를 비롯한 중국 남부에서는 오래 전부터 식후에 기호품으로 즐겨 해왔다.

잎은 길이 1~2m 되는 깃꼴겹잎이며 밑 부분은 잎 집으로 되어 원줄기를 감싼다. 잎 끝은 갈라져 톱니 모양이며 잎자루는 짧다. 암수 한 그루로 꽃은 단성화이고 육수꽃차례에 달리며 흰색이다.

열매는 둥글거나 타원형 또는 긴 것이 있고 지름 3센티 정도로 노란색, 오렌지색, 홍색 등이다. 열매를 빈랑자(betel nut)라고 하는데, 4억 명 이상이 이것을 씹고 있으며 인도에서만도 연간 10만 톤 이상을 소비한다고 한다.

한편, 대만에서의 빈랑은 사회적으로 문제가 되고 있는데, 환각성분에 중독성도 있고 구강암의 직접적인 원인이 되기 때문에 대만 정부가 오래 전부터 규제 정책을 시행해오고 있지만, 전통적으로 담배 이상의 기호식품으로 자리를 잡고 있어 통제가 쉽지 않다고 한다.

빈랑은 폭력배나 트럭 운전사, 택시 기사들을 통해 암암리에 거래된다고 전해지며, 심지어 미니스커트와 비키니를 입고 호객행위를 하는 빈랑미인(Betalnut Beauty, 빈랑서시)도 성행하고 있는데, 빈랑서시란 대만에만 있는 특수한 직업으로, 노출이 심한 옷차림으로 도로변에서 빈랑을 파는 젊은 여성들을 말한다.

빈랑서시란 말은 중국 고대의 4대 미인인 서시(西施-중국 춘추시대 월국(越國)의 미녀)에서 유래한 것인데, 네온사인 등으로 손님의 시선을 끄는 빈랑가게들은 대만 서부의 국도나 근교 대로에서 흔히 볼 수 있으며, 이들의 주 고객은 장거리 운전에서 졸음을 쫓고자 하는 사람들이다.

빈랑시장이 치열해지면서 업주들은 고객의 눈을 끌기 위해 섹시한 옷차림의 아가씨들에게 빈랑을 팔도록 하였고, 빈랑서시에게 정신을 빼앗긴 남성 운전자들 때문에 교통사고가 잦아지자, 지방 정부에서는 2002년부터 빈랑서시의 과도한 노출을 금지하였다.

이에, 타이페이 시와 타오위엔 현을 시작으로, 2004년까지 타이페이 일대의 빈랑 서시는 완전히 사라지게 되었고, 타이중과 타이난 일부 지역에서 빈랑서시를 볼 수 있긴 하나 예전처럼 야한 옷은 더 이상 찾아보기 힘들어졌다.

빈랑나무 한 그루면 아이 하나 대학 뒷바라지한다는 옛말까지 있을 정도로 빈랑나무는 역사뿐만 아니라 대만인들의 생활 깊숙이 자리 잡고 있다.

빈랑은 각종 장 기생충을 살충하는 작용이 뛰어난데 살충의 목적에는 신선한 빈랑이 더욱 효과적이다. 빈랑은 기를 통하게 하고 이뇨작용이 있으므로 각기를 다스리는 중요한 약재이기도 하다. 또한 인체의 기를 잘 통하게 하고 수분대사를 원활하게 하여 체하거나 속이 더부룩하고 아플 때, 설사를 계속하거나 부종이 있을 때도 이용된다.

빈랑(檳榔)의 완숙한 과피로 만든 약재(한국, 중국, 일본)를 대복(大腹)이라 하는데, 이는 씨앗의 모양을 비유하여 생긴 것이다. 이 약은 약간 특이한 냄새가 있으며 맛은 맵고 조금 떫으며 성질은 약간 따뜻하다. 대복피의 생김새는 속이 비어 있는 방추형 또는 긴 타원체를 세로로 자른 형체를 나타낸다.

우리 나라의 역사와 빈랑

빈랑이라는 야자수를 동의보감에서는 다음과 같이 설명하고 있다. "영남지방에서 나는데 과실대신 먹는다. 남방은 더워 이것을 먹지 않으면 전염병을 막아낼 수 없다. 그 열매는 봄에 열리며, 여름에 익는다. 그러나 그 살은 썩기 쉽기 때문에, 먼저 잿물에다 삶아 익혀서 약한 불기운에 말려야 오래 보관할 수 있다."

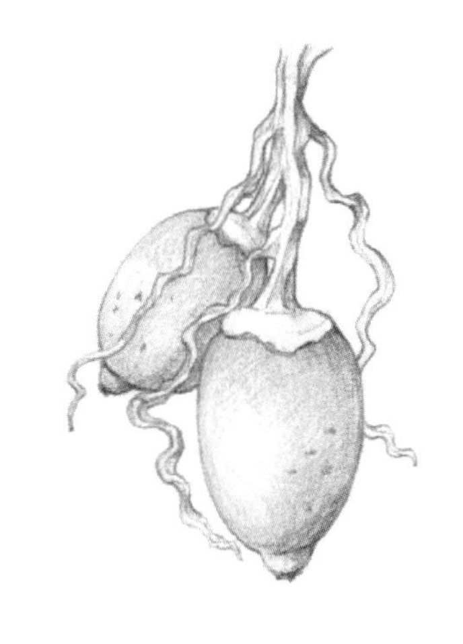

동의보감의 내용을 살펴보면, 이 야자수 형태의 식물이 영남지방 즉, 지금의 경상도 지방에서 많이 생산된다고 설명하고 있다. 그러나 빈랑은 아열대지방의 식물로써 말레이반도가 원산지인 식물이다.

당시에 표현된 영남지방은 지금의 경상도가 아니라 중국의 남부지방으로 생각되며 이를 뒷받침할 만한 근거로 백제 말기 부흥운동을 일으켰던 흑치상지 장군의 묘비가 1929년 낙양 북망산에서 발견되었고 묘비에 그의 행적이 자세히 기록되어 있는 점이다. 흑치상지 장군이 백제의 봉지인 흑치 땅에 봉해짐으로써 성을 흑치로 바꿨다는 기록이 있고, 이 흑치라는 곳은 중국남부의 광동성과 필리핀 등지의 아열대지방으로 흑치상지 장군이 봉해진 곳은 지금의 광동, 필리핀, 대만이라는 이야기이다.

여기서 빈랑과 얽힌 흑치라는 성의 관계를 살펴보면, 광동성 주민들은 빈랑나무를 기호식품으로 주기적으로 씹고 있으며, 이 때문에 이빨이 검게 변색되었고, 흑치상지 장군이 그 주민들의 모습을 토대로 성을 흑치라고 명한 것이라고 기록하고 있는 것이다.

이와 같은 사실로도, 근세의 조선을 포함하여, 백제가 한반도에만 존재했던 국가가 아니었음을 알 수 있으며 특히 광동성의 경우는, 그곳 주민들이 지금도 자신들을 '백제의 후손'으로 자칭하고 있고, 삼국사기에 나온 백제의 지명과 일치하는 지명들이 많이 발견되고 있어 빈랑에 얽힌 역사만을 유추해보아도 조선사는 현재의 한반도사와는 차이가 있음을 알 수 있다.

불교 경전 속의 빈랑수

민간에서 빈랑자를 기호식품으로 즐긴데 비해 수행자들에게는 철저하게 금지했다. 세상의 욕망이나 집착을 끊어야 하는 수행자들에게는 청정한 생활을 장려했으므로 기호식품 자체를 인정하지 않았다. 그래서 술을 멀리하고 담배 또한 금지했으므로 민간인이 즐기는 기호식품도 인정할 수 없었던 것이다.

불교경전에서는 빈랑자를 포함한 약용 판(pan)도 청결치 못하다고 하여 금지했다. 식후에 빈랑자를 깨무는 행위 자체를 '청정한 수행(梵行)을 해치는 행위'라 하여 엄격하게 통제했는데 이는, 승려가 된다는 것은 자기의 삶을 버리고 남을 위해 봉사하며 세상의 귀감이 되어야 한다는 무언의 다짐인 것이다. 즉 빈랑자가 귀한 자원식물이긴 해도 수행자는 결코 가까이 해서는 안 되는 식품이었다.

팔미라야자/다라수 多羅樹

학명: *Borassus flabellifer*
과명: 종려과(Arecaceae = 야자과 Palmae)
영명: Palmyra palm, Sugar Palm , Toddy Palm
이명: Tala, Tar(힌디), Taala(뱅갈)

야자과에 속하는 상록교목으로, 높이 20m, 둘레 2m에 달하며 줄기는 밋밋하다. 식물체의 여러 부위에서 얻는 섬유로 부채와 모자, 우산, 종이 등을 만들며 또 '패다라엽(貝多羅葉)'이라고 하여 여기에 바늘 등으로 경문을 새기기도 하였다. 인도, 스리랑카, 미얀마, 말레이 반도 등의 열대 지방에 분포하는데, 열매와 씨를 먹을 수 있다.

잎은 장상(掌狀) 복엽(複葉)인데 총생하고 길이는 3m가량이다. 꽃은 육수화서이고 자웅이주이며, 과실은 달걀꼴의 핵과이다. 목재는 건축용으로 쓰고, 수액으로는 종려주와 사탕을 만든다.

다라수는 예로부터 높이에 대한 비유로써 많이 쓰였다. 또한 패다라(貝多羅) 또는 패엽(貝葉)이라 불리는 잎사귀는 수분이 적고 두꺼워서, 바짝 말랐을 때 단단해지는 특성이 있는데 이 잎은 종이보다 습기에 강하고 보존성이 더 뛰어나 오래 전부터 철필을 사용하여 경문을 새기는 사경(寫經)에 이용되었는데, 좁고(6cm) 긴(30~60cm) 잎을 직사각형으로 잘라 앞면과 뒷면에 모두 송곳으로 글자를 새기고 기름을 바르면 기름이 스며들면서 글자가 나타나고 이것에 구멍을 뚫어 옆으로 길게 꿰매면 불경이 새겨진 패다라, 즉 패엽경(貝葉經)이 완성된다.

패엽경이란 최초의 불교 결집에서 만들어진 결집경전(結集經典)으로 패다라

(貝多羅)에 송곳이나 칼끝으로 글자를 새긴 뒤 먹물을 먹여 만들었다. 패다라는 인도에서 종이 대신 글자를 새기는 데 쓰였던 나뭇잎을 말하는데, 흔히 다라수(多羅樹) 잎이 많이 쓰였으므로 그렇게 불려졌다.

다라수는 종려나무와 비슷하고, 그 잎의 바탕이 곱고 빽빽하며 길다. 글 쓰는 데 사용하려면 말려서 일정한 규격으로 자른 다음, 칼이나 송곳으로 자획(刺劃)을 만들고 먹을 넣는다. 그 크기는 6~7cm, 길이는 60~70cm 정도이며 양쪽에 구멍을 뚫어 몇십 장씩 실로 꿰어 묶어둔다.

이렇게 만들어진 패엽경은 각각 계율, 경전, 논장으로 나누어져서 3개의 광주리에 보관되었고 이러한 전통적인 사경 방식은 현재까지 스리랑카의 중요한 사찰에 전승되고 있다.

패엽경이 최초로 만들어지기 시작한 것은 부처님이 돌아가시던 해였는데, 제자들은 생전에 부처님께서 설파한 가르침이 흩어지지 않게 보존하기 위해 각자들은 바를 여시아문(如是我聞), 즉 '내가 들은 바는 이와 같다.'고 하여 서로 논의하고 모아서 결집(結集)하였다. 구체적으로는 왕사성의 칠엽굴에서 가섭(迦葉)을 상좌로 500명의 비구가 모여 경(經), 율(律), 장(藏)의 정리하여 다라수 잎에 새긴 것이다. 이후 부처님의 말씀을 기록하여 널리 반포할 목적으로 간행한 기록을 모두 대장경(大藏經)이라고 부르기 시작하였다.

대장경은 일체경(一切經), 삼장경(三臧經) 또는 장경(藏經) 등으로 부르기도 하며 경장(經藏), 율장(律藏), 논장(論藏)의 삼장으로 구성된다. 삼장(三臧)이란 인도의 고대 언어인 산스크리트(梵語)혹은 팔리(Pali)어로 된 트리피타카

(Tripitaka)라는 뜻을 가지고 있다.

삼장에서, 경장이란 부처님께서 따르는 제자와 일반 대중을 상대로 설파한 내용을 기록한 경을 담아 놓은 광주리란 뜻이고, 율장은 제자들이 지켜야 할 계율(戒律)의 조항과 그밖에 공동생활에 필요한 규범을 적어 놓은 율을 담은 광주리란 뜻이다. 노장은 위의 경과 율에 관하여 스님들이 이해하기 쉽게 해설을 달아 놓은 글, 즉 '논을 담은 광주리'란 뜻이다.

처음에는 이 세 가지 종류의 부처님 말씀을 기록하기 위해 다라수 외에도 대나무 등 여러 가지 재료가 사용되기도 하였다.

경전 속의 다라수

1) 법화경 – 분별공덕품

이 세상에 펴는 사람 조금 전에 말했듯이 여러 가지 많은 공양을 갖춘 것이 되느니라. 법화경을 간직하면 부처님이 계실 때에 우두전단 향나무로 승방지어 공양하고 서른 두각 좋은 전당 그 높이가 팔 다라수 좋은 음식 침대 침구 다 갖추고 백천대중 거처하며 꽃동산과 연못들과 거닐면서 명상할 곳 참선하는 선방들을 아름답게 장엄하여 공양함과 같으니라.

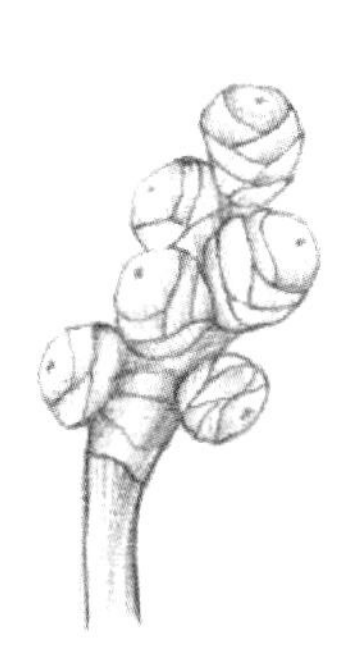

2) 법화경 – 약왕보살 본사품

…이렇게 말하고 나서 칠보로 된 대에 앉아 칠 다라수 높이의 허공에 올라가서 부처님이 계신 곳에 이르러 머리를 숙여 발에 예배하고 열 손가락을 모아 합장하고 게송으로 부처님을 찬탄하였느니라.
'존안이 매우 아름다우시고 광명이 시방에 비치십니다. 제가 일찍이 공양하였는데 이제 또 친근합니다.'

3) 법화경 – 묘장엄왕 본사품

…이에 있어서 두 아들은 그 아버지를 생각하는 까닭으로 허공으로 칠 다라수 높이에 솟아올라 있으면서 가지가지의 신통변화를 나타내되, 허공 가운데에서 다니고 머물고 앉고 누우며, 몸 위에 물을 나오게 하고, 몸 아래로 불을 나오게 하며, 몸 아래로 물을 나오게 하고, 몸 위에 불을 나오게도 하며, 혹은 큰 몸을 나타내어 허공 가운데에 가득하게 하였다가, 다시 작게도 나타내고, 작았다가 다시 크게도 나타내며, 허공 가운데에서 사라졌다가, 홀연히 땅에 있으며, 땅에 들어가기를 물과 같이 하고, 물을 밟기를 땅과 같이 하는, 이와 같은 것들의 가지가지 신통변화를 나타내어서, 그 아버지인 왕으로 하여금 마음을 깨끗하게 하여 믿고 이해하도록 하였느니라.

4) 대방광선교방편경 – 제2권

"이와 같이 발로부터 정수리에 이르기까지 나아가 내외 중간에도 낱낱 여실(如實)히 살펴 관찰하건대 이 중에는 적은 법도 얻을 것이 없다. 나는 지금 이와 같이 여실히 관찰하고 일체 법에 모두 있는 바 없다. 법이 없기 때문에 곧 법이 무생(無生)이다." 보살이 이렇게 생각할 때 곧 무생법인(無生法忍)을 얻었다. 보살은 이러한 이익을 얻고서 마음이 크게 기뻐서 곧 그곳에서 몸을 허공에 솟구치니 높이가 일 다라수(多羅樹)였다.

5) 목련경

이때 세존이 도중의 모든 비구, 비구니와 우바새, 우바이 등 무수한 억만 명을 거느리고 앞 위로 둘러싸게 하고 허공에 몸을 흩으니 그 높이가 칠 다라수만 하다. 이에 석가모니는 미간에서 다섯 가지 색깔의 광명을 내어 그 빛으로 지옥을 깨뜨렸다. 철상지옥은 변해서 연화좌가 되고 검수지옥은 변해서 백옥으로 만든 사다리가 되고, 확탕지옥은 변해서 부용지가 되었다.

6) 대방광삼계경(大方廣三戒經) - 상권

이른바 천목나무, 필리차나무, 마이나무, 비혜륵나무, 다라(多羅)나무, 가니가나무 · 암바라나무, 염부나무, 모과나무… 등 이런 나무들이 다 갖추어져 있었다.

7) 아함경 - 제8권. 4. 미증유법품(未曾有法品) 제4

걸식을 마치신 뒤에 가사와 발우를 거두시고, 손발을 씻고 니사단(尼師檀)을 어깨에 걸치고 숲 속으로 들어가셨습니다. 그리고는 한 그루의 다라나무 밑에 이르러 니사단을 깔고 가부좌하고 앉으셨습니다.

이때 한낮이 지나 다른 모든 나무 그림자는 다 옮겨갔으나 오직 다라나무 그림자만은 그 그늘이 세존의 몸에서 옮겨가지 않았습니다. 그때에 석마하남(釋摩訶男)은 한낮이 훨씬 지난 시간에 어슬렁거리며 커다란 그 숲에 이르렀습니다. 그는 한낮이 지난 시간에 다른 모든 나무 그림자는 다 옮겨갔는데 오직 다라나무 그림자만은 그 그늘이 세존의 몸에서 옮겨가지 않은 것을 보고 '사문 구담(瞿曇)은 너무도 기이하고 특별하구나. 큰 여의족이 있고 큰 위덕이 있으며, 큰 복이 있고 큰 위신이 있다. 왜냐 하면 한낮이 지나서 다른 모든 나무 그림자는 다 옮겨갔는데도 오직 다라나무 그림자만은 그 그늘이 사문 구담의 몸에서 옮기지 않았기 때문이다'라고 생각했다고 합니다. 만일 세존께서 한낮이 지난 뒤에 다른 모든 나무 그림자는 다 옮겨 갔는데도 오직 다라나무 그림자만은 그 그늘이 세존의 몸에서 옮겨가지 않았다면, 저는 이것을 세존의 미증유법으로 받아 간직하겠습니다.

부 록

첫번째: 불교식물 과별 특성

두번째: 불교식물 그림

첫번째: 불교식물 과별 특성

뽕나무과(Moraceae)

쐐기풀목에 속하는 과로서 54속(屬) 이상이 있고 낙엽, 상록 교목과 관목으로 이루어져 있는데 주로 열대와 아열대 지방에 분포한다. 이들 식물에서는 유액(乳液)이 나오며 잎은 어긋나고 꽃잎이 없는 작은 암꽃 또는 수꽃이 핀다. 많은 종의 열매는 다화과(多花果)로, 서로 다른 꽃에서 맺힌 열매가 한 군데에 모여 달린다.

뽕나무속(Morus)과 무화과나무속(*Ficus*), 트레쿨리아속(*Treculia*) 등의 열매는 식용이 가능하며, 안티아리스속(*Antiaris*)이나 무화과나무속, 카스틸라속(*Castilla*), 무상가속(*Musanga*) 등의 식물들은 목재나 유액이 중요하게 쓰인다. 가장 큰 속인 무화과나무속에 뱅골고무나무와 인도고무나무가 포함된다. 닥나무속(*Broussonetia*)의 수피(樹皮)는 종이제품을 만드는 데 써왔으며, 꾸지나무와 오세이지 오렌지는 관상용으로 심고 있다.

한국에는 5속 10여 종이 자라고 있는데 이 중 뽕모시풀만 초본이고, 나머지는 목본이다. 무화과나무속의 천선과 나무, 모람과 왕모람 등이 남부지방에서 자라고 있으며, 무화과나무와 인도고무나무는 외국에서 들여온 식물들로 남쪽지방이나 온실에서 키운다. 뽕나무속에는 4종이 자라고 있는데, 산뽕나무가 널리 알려져 있다.

단향과(檀香科, Santalaceae)

열대 및 온대에 걸쳐서 35속(屬) 400종이 분포하며 대부분이 반기생(半寄生)

식물로 광합성을 통해 자신에게 필요한 물질을 만들 수 있지만 수분과 무기물을 흡수할 수 있는 숙주식물이 필요하기 때문에 대개 뿌리에 기생하고 일부는 가지에도 기생한다. 잎은 대개 홑잎이며 턱잎이 없고 어긋나 줄 모양 또는 바소꼴이다.

꽃은 양성화로 수상꽃차례, 총상꽃차례 또는 두상꽃차례로 달리고, 꽃 크기는 대개 작고 눈에 잘 띄지 않는다. 화피는 3~6개로 갈라진 통모양이며 녹색이거나 다른 색깔이 약간 있다. 수술은 화피조각에 붙어 있고 씨방은 하위(下位)이거나 반하위이다.

열매는 견과 또는 핵과이며, 종자는 한 개이고 배젖이 많다. 한국에는 제비꿀속(*Thesium*)의 제비꿀과 긴제비꿀이 분포한다.

목련과(木蓮科, Magnoliales)

목련목에 속하는 한 과로 12속(屬) 210종(種)으로 이루어져 있는데 아름답고 향기가 나는 꽃이 피는 많은 교목과 관목이 포함된다.

대부분의 종들은 꽃이 양성화이고 가지 끝에 핀다. 이 과는 무엇보다도 튤립나무(*Liriodendron tulipifera*)와 같은 관상용 식물로 인해 그 중요도를 더하며, 대부분 목련속(*Magnolia*)에 속한다. 참파카초롱목(*Michelia champaca*) 같은 몇몇 식물에서는 향수를 얻을 수 있고, 다른 종류에선 목재나 민간요법의 재료로도 이용된다.

한국에는 3속 18종이 있는데 한국 토종으로 함박꽃나무 등이 있는데 튤립나무나 초령목, 일본 목련(*Magnolia obovata*), 태산목(*M. grandiflora*), 자목련, 백목련 등은 중국과 일본 등에서 들여와 공원에 심고 있다.

녹나무과(Lauraceae)

녹나무목의 한 과로 낙엽활엽수 또는 상록활엽수이며 교목이거나 관목이다. 곧게 서고 대부분 향기가 난다. 잎은 어긋나거나 마주나고 홑잎이거나 손바닥 모양으로 갈라지며 턱잎은 없다.

꽃은 비교적 작으며 양성화이거나 단성화이고 잎겨드랑이에 원추꽃차례 · 산형꽃차례 · 취산꽃차례로 달린다. 화피는 4~6장으로 밑 부분이 붙어 있다. 수술은 6~12개로 여러 겹으로 늘어서며 암술은 1개이다. 꽃밥은 2~4실인데, 각 실마다 귀덮개 모양의 판이 위로 젖혀진다. 씨방은 1실이며 배젖이 없다. 열매는 장과이며 1개의 단단한 종자가 들어 있다. 45속(屬) 1,000여 종(種)이 열대와 아열대지방에서 자라며 한국에는 7속 14종이 분포한다.

계수나무과(Cercidiphyllaceae)

목련목의 한 과로 계수나무가 계수나무속(屬)의 유일한 종이다. 잎은 짧은 가지에 달리며 꽃은 단성으로 꽃잎이 없다. 꽃은 향기가 있으며 5월 무렵에 잎보다 먼저 핀다. 암 · 수꽃이 서로 다른 개체에 달리는 자웅이주인데 씨에는 배젖이 풍부하다. 단풍이 아름다워 관상용, 조경용으로 많이 심으며 목재는 가볍고 부드러워 가구 재료나 합판재 등으로 쓰인다. 주로 중국, 인도, 일본 등지에 분포하나 한국에도 자란다.

수련과(睡蓮科, Nymphaeaceae)

미나리아재비목의 한 과로 물속의 땅속줄기에서 긴 잎자루가 자라서 끝에 잎이 달린다. 어린 잎은 안으로 말렸다가 점차 펴진다. 땅속줄기에서 긴 꽃자루가 자라서 끝에 1개의 꽃이 달린다. 꽃은 양성(兩性)이다. 꽃받침조각은 3~5개, 꽃잎은 3개 이상, 수술은 6개 이상이며 모두 떨어져 있다. 암술머리는 때로 합쳐져서 쟁반 모양 또는 고리 모양으로 된다.

세계에 2아과(亞科) 8속(屬)에 약 100종이 분포하고 한국에는 5속 7종이 있다. 수련아과에는 수련, 개연꽃, 왜개연꽃, 가시연꽃, 큰가시연꽃 등이 포함되며 뿌리줄기가 굵고 꽃이 대형이며 심피가 합쳐져 있다. 순채아과에는 순채, 연꽃이 포함되어 있으며 꽃이 소형이고 심피는 분리되어 있다. 식용 또는 약용으로 활용되는 것이 있다.

차나무과(Theaceae)

측막태좌목의 한 과로 한때는 동백나무과로 분류하기도 하였다. 전 세계에 약 30속(屬) 500종이 있으며, 주로 열대와 아열대 지방에 분포하고, 특히 아메리카와 아시아에 많으며, 한국에는 5속 6종이 있는 교목 또는 관목이다. 잎은 어긋나고 홑잎이며 상록인 것과 낙엽인 것이 있다.

꽃은 1개씩 달리지만 간혹 원추꽃차례, 총상꽃차례, 취산꽃차례를 이루며 달린다. 보통 양성화이지만 드물게 단성화인 것도 있다.

열매는 삭과 또는 장과이거나 밑 부분에 꽃받침이 붙어 있는 수과이고 갈라지는 것과 갈라지지 않는 것이 있다. 종자는 대개 배젖이 거의 없거나 전혀 없다.

물레나물과(Hypericaceae/Guttiferae)

측막태좌목의 한 과로 45속(屬) 1,100종으로 구성되며 주로 열대지방에 분포하나 온대지방에서도 자라며 한국에는 2속 8종이 있다. 교목이거나 관목, 또는 초본이다. 잎은 홑잎으로 마주나거나 돌려나고 드물게 어긋나며 꽃은 양성화 또는 단성화로 1개씩 달리거나 취산꽃차례를 이루며 달린다. 꽃받침조각은 4~5개이고 기와 모양으로 배열되어 있으며, 꽃잎도 4~5개로 기와 모양으로 배열되거나 틀어져 있다. 수술은 3~5개이고 암술은 1개인데 암술대는 심피와 같은 수이다. 열매는 대부분 삭과 또는 핵과이고 드물게 장과 모양도 있다. 종자에는 배젖이 없고 가끔 날개도 달린다.

십자화과(十字花科, Cruciferae/Brassicaceae)

카파리스목에 속하는 한 과로 350속(屬)이 속한 커다란 무리이며 대부분 초본식물로 잎에서 톡 쏘는 맛이 나며 경제적으로 중요한 많은 식물이 있다. 꽃은 십자가 모양으로, 보통 흰색 · 노란색 · 연보라색이고 꽃잎과 꽃받침, 잎이 4장씩 있다. 수술은 6개인데 4개는 길고 2개는 짧다. 씨방은 꽃의 다른 부분보다 위에 있으며 2개의 방으로 되어 있다. 씨는 꼬투리같이 생긴 열매에서 맺으며 젖으면 부풀어 오르는 점액질성의 껍질에 싸여 있다.

북반구의 온대에 많이 서식하는데 전 세계에 350속(屬) 2,500종이 알려져 있으며 한국에는 22속 48종 1아종 18변종 1품종이 있다. 가장 중요한 속은 배추속(*Brassica*)으로 양배추, 겨자, 유채를 포함해 50여 종(種)의 식물이 있다. 또 하나의 종인 브라시카 올레라케아(*B. oleracea*)에는 트리케일 양배추, 방울다다기 양배추, 컬리플라워, 브로컬리 등 많은 변종(變種)이 있다. 십자화과의 다른 식용채소로는 순무와 적채, 꽃다지 등이 있다.

콩과(Leguminosae)

장미목의 한 과로 전 세계에 약 550속 1만 3,000종이 있고, 열대, 아열대, 온대 지방에 고루 분포하며, 한국에는 36속 92종이 자란다. 초본, 관목, 교목이며 곧게 자라거나 때로는 덩굴을 뻗는다. 잎은 대부분 어긋나고 겹잎이며, 대부분 턱잎이 있다. 꽃은 대개 양성화이고 총상꽃차례로 피어난다.

꽃잎은 5개이며 수술은 대개 10개이고 암술은 1개이다. 열매는 대부분 협과이고 땅콩처럼 터지지 않는 것과 터져 종자가 나오는 것이 있으며 때로 마디가 있는데 종자는 배(胚)가 크고 배젖이 없거나 매우 적다.

대극과(Euphorbiaceae)

쥐손이풀목의 한 과로, 꽃은 암수 한 그루로서 연한 노란색이나 붉은색으로 피며, 원줄기 끝에 총상꽃차례로 달린다.

수꽃은 밑 부분에 달리고 수술대가 잘게 갈라지며 꽃밥이 있고 화피갈래조각은 5개로 암꽃은 윗부분에 모여 달린다. 씨방은 1개로서 털이 나고 3실이다. 3개의 암술대가 끝에서 다시 2갈래로 갈라진다. 열매는 삭과(蒴果)로서 3실이고 종자가 1개씩 들어 있으며 겉에 가시가 있거나 없다.

한랭지를 제외한 세계 각 지역에 분포하고 있으며, 280속의 약 8,000종 가량이 알려져 있는데, 특히 열대 지방에 그 종류가 많다. 한국에는 대극, 예덕나무, 감수, 등대풀, 줄거리나무, 피마자 등 10속 20여 종이 분포하고 있다. 한편, 종류가 많은 만큼 형태도 매우 다양하여, 교목, 관목, 초본 등의 여러 가지가 있는데, 그중 건조지대에서 자라는 것은 마치 선인장과 같은 다육식물이 되어 있다.

대극과의 아과로는 크로톤아과(*Crotonoideae*), 대극아과(*Euphorbioideae*)

아칼리파아과(*Acalyphoideae*)가 있다.

감람과(橄欖科, Burseraceae)

운향목의 꽃피는 식물로 된 과. 약 20속(屬)이 있으며 수지(樹脂)가 나오는 관목과 교목으로 이루어져 있다. 아메리카 열대지역이 주산지이나 몇몇 종(種)은 아프리카와 아시아에서도 자란다. 잎은 줄기를 따라 어긋나게 달리고, 많은 잔잎으로 이루어졌다. 꽃은 가지 끝에 하나 또는 여러 송이씩 피며 다육질의 열매가 열린다. 부르세라 시마루바(*Bursera simaruba*)의 목재는 밝은 적갈색이며 낚시찌를 만드는 데 쓰이고, 향기가 나는 수지는 향료로 사용한다. 유향(乳香)이라고 하는 올레오고무 수지는 보스웰리아속(*Boswellia*)의 몇몇 종에서 나오는데, 성서시대에 향료나 약으로 사용했으며 시체를 방부 처리 하는 데도 쓰였다.

멀구슬나무과(Meliaceae)

쥐손이풀목의 한 과. 50속(屬) 1,000종(種)이 아열대와 열대에서 자라고, 한국에는 2속 2종이 자란다. 대부분 목본이고 간혹 초본도 있다. 잎은 어긋나고 겹잎이지만 홑잎도 있으며 턱잎은 없다.

꽃은 양성(兩性) 또는 단성이고, 잎겨드랑이에 원추꽃차례(圓錐花序)로 달리며 수술대가 합쳐져서 빈 통처럼 되고 얕은 컵같이 생긴 암술머리와 종자에 날개가 달린 것도 있다. 씨방은 상위(上位)이고 밑에 화반(花盤)이 있으며, 배젖은 있거나 없다. 열매는 장과(漿果) · 핵과(核果) · 삭과 (蒴果)이다.

옻나무과(Anacardiaceae)

무환자나무목의 한 과로 열대, 아열대지방에 분포하는 교목 또는 관목이며 보통 1실로 된 씨방, 그리고 핵과(核果) 비슷한 열매가 특색이다. 약 60속 400종이 열대와 아열대에 분포하며 한국에는 옻나무 속(세계에 150종이 있다)의 5종이 자라고 붉나무와 개옻나무가 가장 흔하다.

팥꽃나무과(Thymelaeaceae)

도금양목의 한 과로 낙엽 또는 상록관목이며 수피에 섬유질이 발달하여 잘 꺾어지지 않는다. 잎은 어긋나거나 마주나며 홑잎이고 가장자리가 밋밋하다. 꽃잎이 없는 것이 많으며 꽃받침은 통처럼 생겼는데 끝이 4~5개로 갈라져서 꽃잎같이 생겼다.

세계에 40속(屬) 500종(種)이 자라며 남아프리카, 오스트레일리아, 지중해, 아시아의 서부와 중부에 분포한다. 한국에는 5속 9종이 자라며 그중에는 중국에서 들어온 서향을 관상용으로 재배한다. 일본에서 들어온 삼지닥나무와 강화도 이남에서 자라는 산닥나무 등은 섬유자원으로 중요시되기도 하였다.

이엽시과(二葉柿科, Dipterocarpaceae)

측막태좌목의 한 과로 아시아 남부와 아프리카 원산이다. 117속 530종으로 이루어지며 구세계의 열대지방에서 자라는 주요 경제수종을 포함한다. 잎은 혁질(革質: 가죽 같은 질감)이고 꽃은 무리지어 피고 향기가 있으며, 꽃잎은 5장으로서 혁질이며 꼬인다. 열매는 꽃받침에 완전히 싸이고 2개의 커다란 날개가 있다.

이엽시속(*Dipterocarpus*)이 대표속인데, 쓸모 있는 목재를 얻을 수 있다. 이밖에도 나왕속(*Shorea*), 용뇌수속(*Dryobalanops*), 호페아속(*Hopea*) 등이 있는데, 이 과의 식물이 인도 · 말레이시아 지방 열대우림의 70%를 차지한다.

나왕재는 주로 나왕속 식물의 재목과 기타 몇 속의 식물을 포함한다. 나왕속 식물은 열매가 꽃받침에 싸이지 않으므로 구별하기 쉬우며, 다마르(dammar)라는 방향성 수지(樹脂)가 들어 있다. 목재용으로 쓴다.

박과(Cucurbitaceae)

박목의 한 과. 덩굴식물로서 한해살이 또는 여러해살이풀이다. 잎은 어긋나고 홑잎이거나 손바닥 모양 또는 손바닥 모양의 맥이 있으며 잎자루가 길다. 잎자루 밑농에 덩굴손이 있으며 턱잎은 없다.

꽃은 대부분 단성화(單性花)로서 크며 잎겨드랑이에 달린다. 수꽃은 수술이 5개이고 암꽃도 수술이 5개이며 씨방은 아랫부분에 있고 1실(室)이다. 열매는 혁질의 장과(漿果) 또는 드물게 삭과(蒴果)이다.

열대와 아열대에 약 95속 800여 종이 분포한다. 한반도에는 새박 · 산외 · 돌외 등이 자생하고 호박 · 오이 · 수세미 등을 재배한다. 식용하거나 관상용으로 심으며 섬유의 원료로 쓴다.

말피기과(금수휘나무과, Malpighiaceae)

소교목 혹은 관목으로 나무 키는 4~6m, 수관은 넓게 다소간 직립하거나 펴져 수그러지며, 가지에는 미세한 털이 있고 수간은 짧으며, 직경 10cm, 매끈매끈하고 회색을 띤다.

잎은 마주나기로 나 있으며 타원형, 장타원형, 도란형 혹은 폭이 좁은 도피침형인데 길이는 3~7cm에 너비 15~40cm로 표면은 짙은 녹색으로 광택이 나고 뒷면은 엷은 색을 띤다.

꽃잎은 다섯 개이고, 길이 8mm로 발톱 모양과 같으며 고르지 않고 수술 10개에 암술은 세 개, 씨방과 세 개의 암술대가 있으며 고르지 않다.

열매는 둥글고 붉은 색을 띠며 직경이 9mm 이상이며 약간 평평하다. 열매의 아래쪽에 꽃받침이 있다. 열매는 시큼하다.

도금양과(桃金孃科, Myrtaceae)

도금양목에 속하는 한 과. 교목 또는 관목이고 잎은 단순하며 정유(精油)가 들어 있는 유점(油點)이 있다. 꽃은 대개 양성(兩性)으로 방사대칭이고 꽃받침조각은 3개 또는 그 이상이며, 꽃잎은 4~5개씩이지만 없는 것도 있다. 75속(屬) 3,000여 종(種)으로 이루어지며, 대개 늘 푸른 나무이며 열대 지방에 많고 유칼립투스와 도금양 등 경제적으로 중요한 식물이 많이 있으나 한국에는 자생종이 없다.

사군자과(Combretaceae)

이판화류(離瓣花類)에 속하는 한 과로 이에 속하는 식물들로는 우리나라에는 인도사군자라고도 부르는 사군자와 큐이스큐알리스(Quisgualis)가 있다.

감나무과(Ebenaceae)

낙엽교목 또는 관목이며 암수한그루이다. 잎은 어긋나고 꽃은 양성 또는 단성이며 잎겨드랑이에 1개가 달린다. 꽃받침은 3~7갈래이고 떨어지지 않는다. 화관은 종 모양이고, 수꽃에는 수술이 4~8개가 있으며 암술은 퇴화했고, 암꽃에는 수술이 퇴화했다. 씨방은 둥글고 열매는 장과(漿果)이다. 한국에는 고욤나무속과 감나무속의 2속이 분포한다. 동아시아 및 서아시아에 300여 종이 분포한다.

때죽나무과(Styracaceae)

감나무목 식물로 지중해, 아시아 및 남아메리카에 8속(屬) 125종(種)이 분포하는데 양성화인 동시에 불완전하게 갈라진 씨방으로 감나무과와 구별한다. 관목 또는 교목이며 잎은 어긋나고 턱잎이 없다. 꽃은 총상 또는 복총상꽃차례로 달리고 화관은 4~7개로 갈라지며 수술은 화관의 갈래조각수와 같거나 배수이다. 씨방은 상위와 하위이며 3~5실이다. 암술대는 3~5개이고 거꾸로 선 밑씨는 각실에 1개 또는 여러 개가 있다. 열매는 핵과 또는 삭과이며 꽃받침이 붙어 있다. 종자에는 배젖이 있으며 날개가 있는 것도 있다.

물푸레나무과(Oleaceae)

쌍떡잎식물 용담목의 한 과. 목서과(木犀科)라고도 한다. 주로 열대와 온대에 분포하고 22속 500종으로 구성되며 한국에는 7속 24종이 자란다. 낙엽 교목이거나 관목이고, 드물게 목본성 덩굴식물도 있다. 잎은 대부분 마주나고 턱잎이 없으며 홑잎이거나 세 장의 작은 잎이 나온 잎, 또는 깃꼴 겹잎이다.

꽃은 대부분 양성화이고 드물게 단성화이며 보통 취산꽃차례를 이루며 달리고 총상꽃차례, 원추꽃차례를 이루기도 한다. 꽃잎은 보통 4장이지만 간혹 없거나 2~6개, 또는 12개도 있다. 꽃받침은 보통 4개로 갈라지는데, 드물게 퇴화되는 경우도 있다. 수술은 2개이고 드물게 4개도 있으며, 수술대는 짧고 꽃잎에 붙어 있다.

씨방은 상위(上位)이고 2개의 심피로 구성되며, 2실에 각각 2개의 밑씨가 들어 있다. 열매는 삭과 · 장과 · 견과 · 핵과 · 시과 등 다양하고 다육질이거나 건조하며 1~4개의 종자가 들어 있다. 종자에는 보통 배젖이 있다. 개나리, 수수꽃다리, 쥐똥나무 이팝나무, 미선나무, 목서 등의 관상용 식물이 속한다.

마전과(馬錢科, Loganiaceae)

용담목의 한 과로 초본, 관목 또는 교목이다. 잎은 마주나며 드물게 어긋난다. 가장자리는 밋밋하거나 톱니가 있고, 홑잎, 턱잎이 있다. 꽃은 취산꽃차례, 원추꽃차례 모양으로 양성화, 방사상칭이다. 꽃받침 조각은 겹치지 않고 맞닿아 배열하고 간혹 꽃눈 속에서 기와 모양으로 배열된다. 화관통은 4~10갈래, 갈래는 눈 속에서 뒤틀리거나 기와 모양 또는 겹치지 않고 맞닿게 배열한다. 수술은 화관통에 붙고, 꽃 갈래와 같은 수이거나 1개이다.

열매는 삭과, 장과, 핵과, 배는 곧고, 배유는 다육질 또는 골질이다. 총 32속 800종이며 열대와 아열대에 약 22속 550여 종, 한국에는 영주치자와 벼룩아재비 등 2속 3종이 있다. 이 과중 원예종으로 부들레야(Buddleja)가 있다.

협죽도과(夾竹桃科, Apocynaceae)

용담목의 한 과. 대부분 상록 관목식물이지만 약간은 덩굴성 및 초본류가 들어 있다. 상처를 내면 하얀 즙액이 나온다. 잎은 마주달리거나 돌려나고 간혹 어긋나게 달리는 것이 있다. 꽃은 양성이며 방사대칭이다. 수술은 4~5개, 씨방은 상위(上位)로 2실 또는 1실이고 암술대는 1개이다.

열매는 장과(漿果) · 핵과(核果) 또는 골돌(蓇葖, 열매가 나누어지는 열과의 하나)이다. 종자는 대개 배젖이 있고 흔히 날개, 또는 한쪽에 털이 있다. 열대와 아열대에서 많이 자라며 300속 1,300종으로 구성되고 3속 4종이 한국에서 자란다. 박주가리과와 비슷하지만 수술대가 떨어져 있고 암술대가 1개인 것이 다르다.

쥐꼬리망초과(Acanthaceae)

현삼목에 속하는 18과 중 한 과로 전 세계에 약 250속 2,500종이 있고, 주로 열대 지방에 분포하며 인도네시아, 아프리카, 브라질, 중앙아메리카에 많으며, 한국에는 3속 3종이 있다. 초본 또는 관목이고 드물게 덩굴식물도 있다. 잎은 홑잎으로 마주나며 잎살 안에 종유체가 있고, 턱잎이 없다.

꽃은 양성화로 취산꽃차례(줄기 끝에 달린 꽃 밑에서 한 쌍의 꽃자루가 나와 각각 그 끝에 꽃이 한 송이씩 달리고 그 꽃 밑에서 다시 각각 한 쌍씩 작은 꽃자루가 나와 그 끝에 다시 꽃이 한 송이씩 달리는 형태) 또는 총상꽃차례를 이루어 달리고 큰 포가 있다.

꽃받침은 4~5개로 깊게 갈라지고 기와 모양 또는 판 모양으로 배열한다. 화관은 5개로 갈라지고 입술 모양이며, 대개 윗입술 꽃잎이 작다. 수술은 화관의

통 부분에 붙어 있고, 개수는 2~4개인데, 4개인 경우에는 2개가 길다. 암술대는 길고 암술머리는 2개이다. 씨방은 상위(上位)이고 2개의 심피로 구성된다. 열매는 삭과로, 종자에는 배젖이 없다.

참깨과(Pedaliaceae)

현삼목의 한 과. 전 세계에 약 16속 60종이 있고, 열대와 난대에 분포하며 특히 아프리카에 많고, 한국에는 1속 1종이 자란다. 한해살이풀 또는 여러해살이풀이다. 잎은 홑잎이며 마주나거나 어긋나고 턱잎이 없다.

꽃은 양성화이고 보통 취산꽃차례를 이루며 달린다. 꽃받침은 4~5개로 갈라지고, 화관은 넓은 통 모양이며 끝이 5개로 갈라지고 때로는 입술 모양이다.

수술은 4개이고 1개의 헛수술이 있으며 화관의 통 부분에 달리고 4개 중에 2개가 길며 꽃잎과 어긋난다. 꽃밥은 쌍을 이루고, 암술은 2개의 심피로 구성되며 암술머리는 2개이고 긴 암술대가 있다. 씨방은 상위이고 2~4실이다. 열매는 삭과 또는 견과이고 가시가 있으며 종자에 배젖이 작다.

인동과(忍冬科, Caprifoliaceae)

산토끼꽃목의 한 과. 주로 관목이고 덩굴식물, 관상용 식물 등으로 이루어진다. 잎은 마주달리고 대개 홑잎이며 턱잎은 없으나 딱총나무속은 깃꼴겹잎인 종이 있으며 턱잎이 있다.

꽃은 양성화이고 대개 취산꽃차례에 달린다. 포와 작은포는 있거나 없다. 꽃받침과 화관갈래조각은 4~5개이고, 꽃받침통은 씨방벽에 붙으며 작은 톱니가 5개 있다. 화관은 붙으며 대부분 입술 모양이다. 씨방은 상위(上位)이고 암술대는 1개로서 암술머리가 달린다. 열매는 장과(漿果) 또는 삭과(蒴果)이며 종자에는 풍부한 배젖이 들어 있다.

관상용으로 심으며 말오줌나무의 열매는 술을 만들기도 한다. 전 세계에 18속 450여 종이 있으며 한국에는 6속 41종이 자란다. 남아프리카 동부, 동아시아에 집중적으로 분포한다.

백합과(百合科, Liliaceae)

외떡잎식물 백합목의 한 과. 분포지역은 전 세계이며 서식장소는 온대와 열대의 산지이다.

여러해살이풀이 많고 뿌리줄기 · 알줄기 · 덩이줄기 · 비늘줄기 등이 있으며 원줄기는 때로 덩굴성이거나 꽃자루 모양으로 잎이 없으며 비늘 같은 잎이 달리기도 한다.

잔가지는 때로 잎처럼 되거나, 뿌리에 달린 잎과 줄기에 달린 잎이 있으며 보통 어긋나고 육질로 된 것도 있다. 대개 홑잎이며 평행맥이지만 때로 그물맥이거나 잎자루가 덩굴손처럼 되기도 한다.

꽃은 단성화이거나 양성화이며 방사대칭이고 총상꽃차례나 취산꽃차례로 달린다. 화피조각은 보통 6개이며 2줄로 늘어선다. 바깥화피조각은 작거나 녹색이어서 꽃받침의 형태를 띠기도 하며 6개의 화피가 붙어 있기도 한다. 수술은 화피조각의 수와 같고 항상 화피조각과 마주 늘어서며 때로는 화피조각에 달린다.

꽃밥은 2실로서 세로로 갈라진다. 씨방은 상위, 중위 또는 하위로서 3개의 심피(心皮)로 되고 떨어진 것도 있으나 대개 붙어 있다. 밑씨는 대부분 여러 개이다. 열매는 장과(漿果)이거나 삭과(蒴果)이며 때로 심피가 일찍 떨어지고 종자가 드러나는 것도 있으며 종자에 배젖이 있다. 이 과에 속하는 대부분의 식물들은 곤충이 화분을 매개한다.

장식용의 원예식물로 많이 쓰며 양파, 부추, 마늘 등 흔히 식용하는 식물이 많다. 250속(屬) 4,000종(種)으로 구성되고 한국에는 29속 123종이 있다.

수선화과(水仙花科, Amaryllidaceae)

외떡잎식물 백합목의 한 과. 땅속에 비늘줄기가 있는 종류가 많다. 잎은 줄 모양이며 두껍다. 꽃은 방사대칭이며 화피갈래조각과 수술은 6개씩이고 씨방은 하위(下位)이며 3실이다. 90속 1,300종으로 구성되며 열대와 아열대에 분포한다. 한국에는 3속 5종이 있다.

붓꽃과(Iridaceae)

외떡잎식물 백합목의 한 과. 여러해살이풀이며 58속 1,500종으로 이루어진다. 세계에 널리 분포하며 한국에는 4속 17종이 자란다. 잎은 칼처럼 생기고 두줄로 배열한다.

꽃은 양성화이고 화피는 6개로 갈라지며 꽃잎처럼 생긴다. 수술은 3개이며 내화피와 마주나고 꽃밥은 밖을 향한다. 하위씨방은 3실이며 거꾸로 선 많은 밑씨가 있다. 열매는 삭과로서 각 실의 뒷면이 갈라져서 종자가 나오고 종자의 배(胚)는 작다.

벼과(Gramineae)

외떡잎식물 벼목의 한 과. 화본과(禾本科)라고도 한다. 대부분 초본(草本)이지만 대나무와 같은 목본(木本)도 있다. 잎은 좁고 평행맥(平行脈)이 있다. 잎자루는 원대를 둘러싸는 잎집으로 되지만 양쪽 가장자리가 합쳐지지 않고 위 끝에는 잎혀(葉舌)가 있다. 작은 이삭은 한개 또는 다수의 작은 꽃으로 되며 원추꽃차례 또는 수상꽃차례로 달린다.

수술은 보통 3개, 암술은 1개이며 500속, 4,500종 이상으로 구성되며, 전세계적으로 분포한다.

파초과(芭蕉科, Musaceae)

외떡잎식물 생강목의 한 과로 큰 나무와 비슷한 여러해살이풀로서 땅속줄기이다. 잎은 크고 홑잎이며 잎 밑은 칼집 모양이고 촘촘하게 겹쳐져 줄기처럼 보인다. 잎자루는 길고 잎 가장자리는 밋밋하다. 잎몸에는 깃꼴의 맥이 있다.

꽃은 좌우 고르게 나고 완전화이지만 기능적으로는 단성화(單性花)가 아래를 향한 총상꽃차례로 달린다. 열매는 혁질(革質: 가죽 같은 질감)의 장과(漿果)이다. 종자는 많으며 껍질이 단단하고 배는 곧거나 휘며 배젖과 외유(外乳)가 많다. 아시아, 아프리카, 오스트레일리아 등지의 열대와 아열대에 2속(屬) 40여종이 자란다. 한국에서는 파초를 관상용으로 재배한다. 열매는 식용하고 잎자루는 섬유원료로 쓴다.

생강과(生薑科, Zingiberaceae)

외떡잎식물 생강목의 한 과로 전 세계에 47속 1,400종이 있으며, 열대 지방, 특히 인도와 말레이시아에 주로 분포하고, 한국에는 생강과 양하(Zingibermioga) 두 종류가 있다. 여러해살이풀로 뿌리줄기가 다육질이고, 줄기는 곧게 선다. 잎은 뿌리줄기에서 나오고 2줄로 배열하며 깃꼴의 평행맥이 있고 잎집이 줄기를 싸고 있으며 잎혀가 있다.

꽃은 양성화이고 좌우대칭이며, 총상꽃차례 · 두상꽃차례 · 취산꽃차례를 이루며 달린다. 꽃받침은 통 모양으로, 꽃잎은 깔때기 모양이며, 입술꽃잎은 다른 꽃잎보다 크고, 꽃 전체를 칼집 모양의 포가 받치고 있다.

수술은 6개이고 1개만이 완전하며, 암술은 3개의 심피로 구성되고, 씨방은 하위(下位)이며 3실이다. 열매는 삭과 또는 장과이고 밝은 빛깔을 띤다. 종자는 크고 둥글며 모가 났으며, 배젖이 풍부하다. 생강과에 속하는 식물들 중 많은 수가 휘발성 유지를 풍부히 갖기 때문에 향신료, 향료, 염료, 약용 식물로 쓰인다.

종려과(Arecaceae = 야자과, Palmae)

외떡잎식물 종려목의 유일한 과로 세계에 약 220속 2,500종이 있으며, 주로 열대와 아열대에서 분포하고, 몇몇 종은 온대 지방에서도 자란다. 교목, 관목, 덩굴식물이며, 대부분 줄기가 갈라지지 않고 대형의 잎이 줄기 끝에 무리지어 달리며 가지를 치지 않는다. 줄기의 높이는 10cm 크기에서 60m에 달하는 것까지 다양하다. 잎은 깃꼴겹잎 또는 손바닥 모양의 겹잎이고 길이가 수 cm에서 9m에 달하는 것까지 다양하다. 잎자루에 단단한 잎집과 가시가 달리기도 한다.

꽃은 단성화 또는 양성화이고 원추꽃차례 또는 수상꽃차례를 이루며 작은 꽃이 무리지어 달린다. 꽃받침조각과 꽃잎은 각각 3개이고, 수술은 보통 6개가 2줄로 배열한다. 씨방은 상위(上位)이고 3개의 심피로 구성되며 1실 또는 3실이며 밑씨는 1개이다. 열매는 장과 또는 핵과이고 대개 1개의 종자가 들어 있는데, 종자의 크기는 쌀알 크기에서 큰 멜론 크기까지 매우 다양하다.

경제적으로 중요한 식물로서 목재, 연료, 건축재, 섬유, 녹말, 기름, 술 등 많은 것을 제공하는데 과육은 당분이 많아 과자 · 과당 · 알코올 등을 만드는 데 이용한다. 코코야자의 경우엔 배젖에 많은 지방이 들어 있어 야자유를 짜내는데, 야자유는 청량음료 · 화장품 · 마가린의 원료로 쓰인다.

중과피는 섬유 자원으로 이용하고, 내과피는 연료로 사용한다. 잎은 지붕을 덮는 데 쓰이고 모자나 매트를 만들기도 한다. 다 자라지 않은 열매의 이삭에서 얻은 액체로 설탕이나 술, 식초 등을 만들고, 몇몇 종에서는 녹말을 얻기도 하며, 관상용으로 재배하는 종류도 있다.

중요한 야자 종류로는, 열매인 빈랑자를 씹으면서 즐기는 베텔야자(betel palm), 열매 껍질에서 코이어라는 섬유를 얻는 등 경제적으로 쓰임이 많은 코코야자(coconut palm), 과육에서 팜유와 커널유를 얻는 기름야자(oil palm), 녹말을 채취하는 사고야자(sago palm), 열대 지방에서 가로수로 흔히 심는 대왕야자(royal palm), 공작이 꼬리를 편 것처럼 보이는 공작야자(wine palm), 제주에서 가로수로 흔히 심는 카나리아 야자(Canary date palm), 1개의 열매가 성숙하는 데 10년이 걸린다는 가장 큰 열매를 맺는 세이셸야자(double coco-nut), 5,000년 전부터 재배했으며 1그루에서 매년 250kg의 열매를 생산하는 대추야자(date palm) 등이 있다.

두번째: 불교식물들 그림

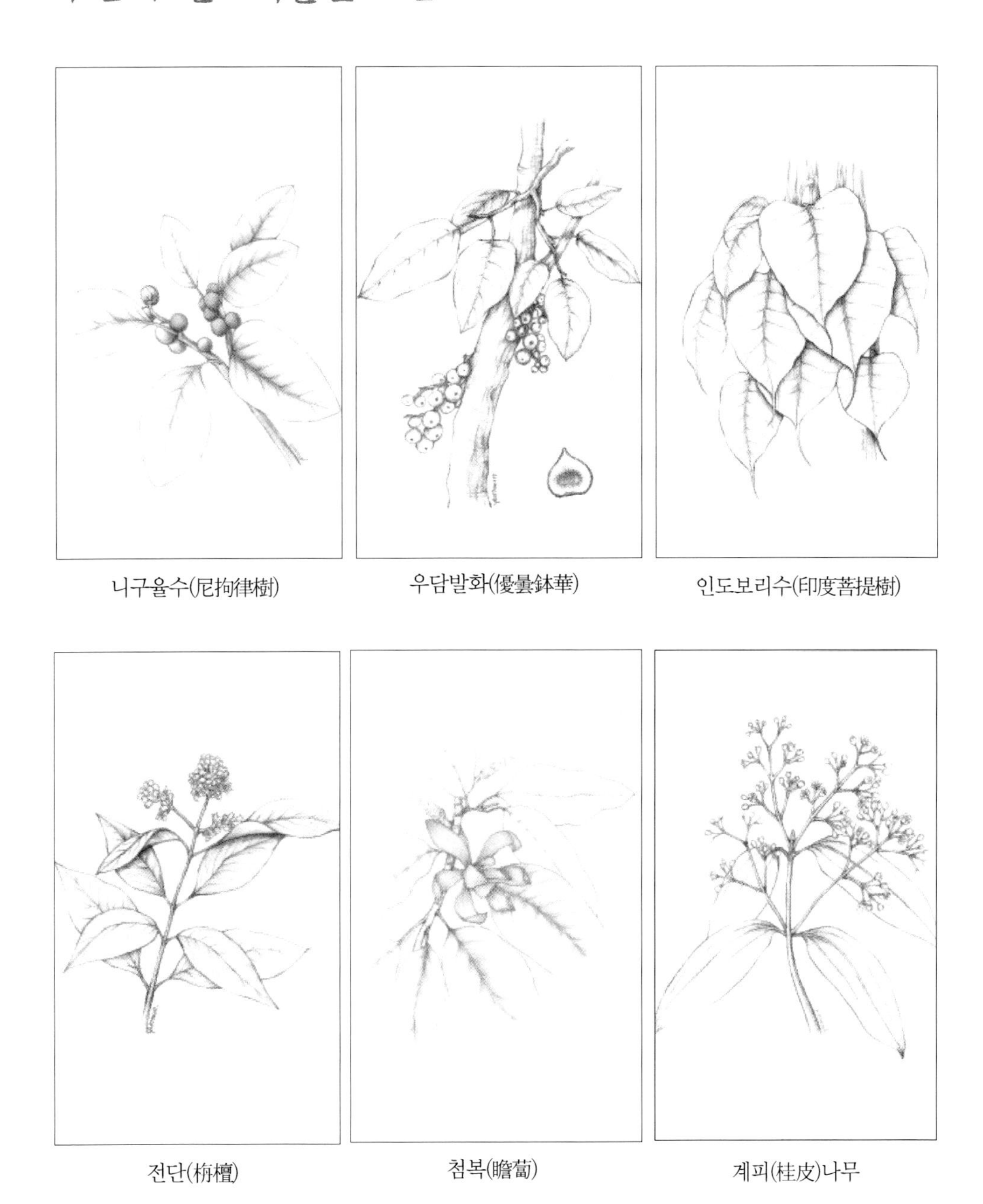

니구율수(尼拘律樹)

우담발화(優曇鉢華)

인도보리수(印度菩提樹)

전단(栴檀)

첨복(瞻蔔)

계피(桂皮)나무

계수(桂樹)나무 연(蓮) 수련(睡蓮)

차나무(茶) 용화수(龍華樹) 개자(芥子)

아선약수(阿仙藥樹)

구비타라(拘毘陀羅)

화몰약수(花沒藥樹)

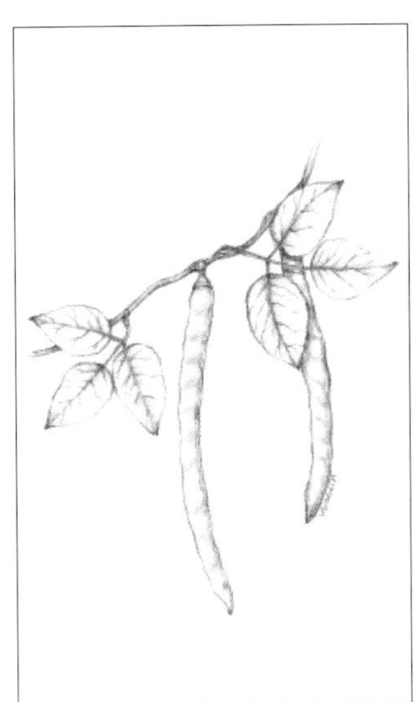
말콩(黃花扁豆)

병아리콩(回回豆)

렌즈콩(金麥豌)

만다라(曼陀羅)화 무우수(無憂樹) 아마륵(阿摩勒)

이란(伊蘭) 유향(乳香)나무 양지(楊枝)

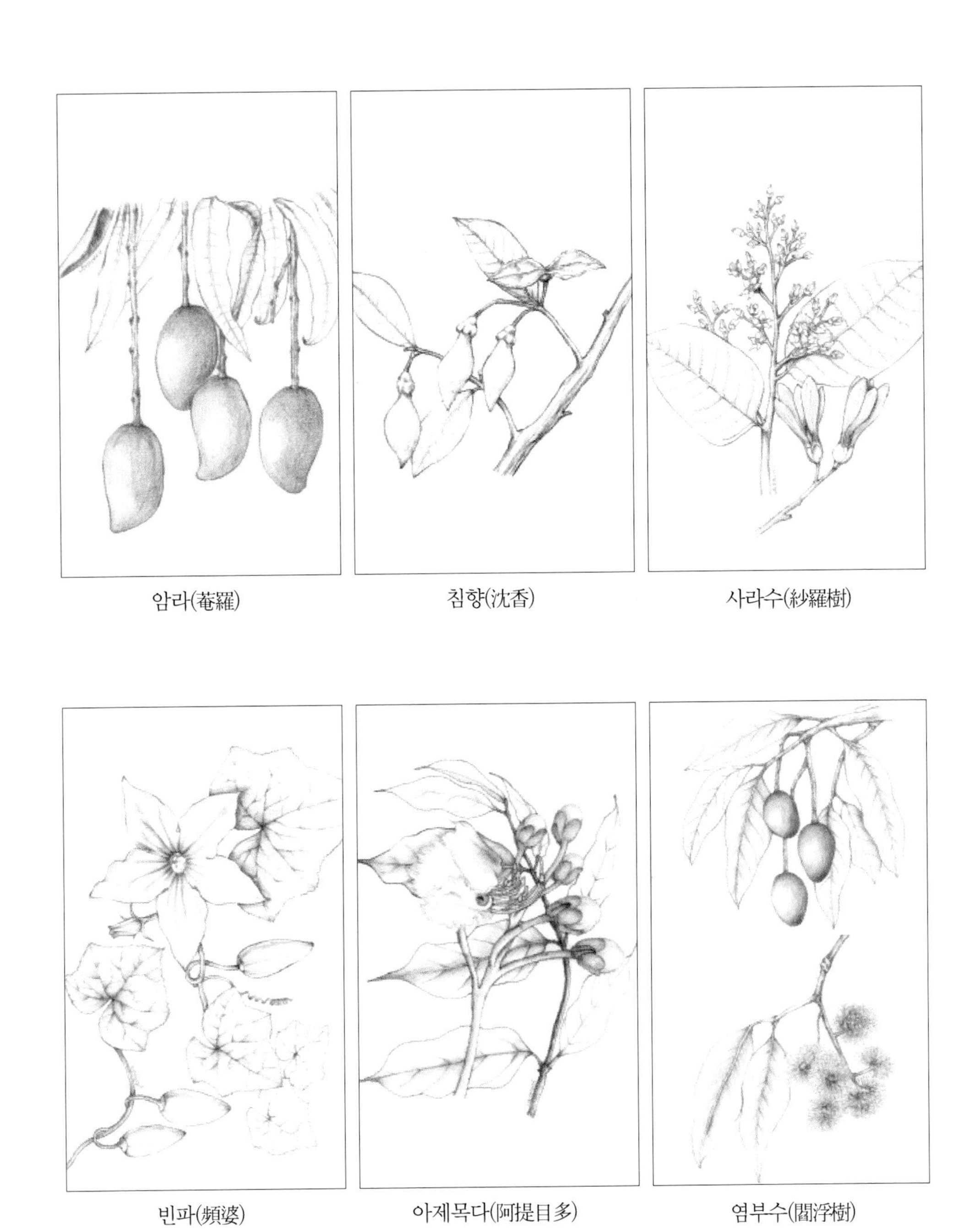

암라(菴羅) 침향(沈香) 사라수(紗羅樹)

빈파(頻婆) 아제목다(阿提目多) 염부수(閻浮樹)

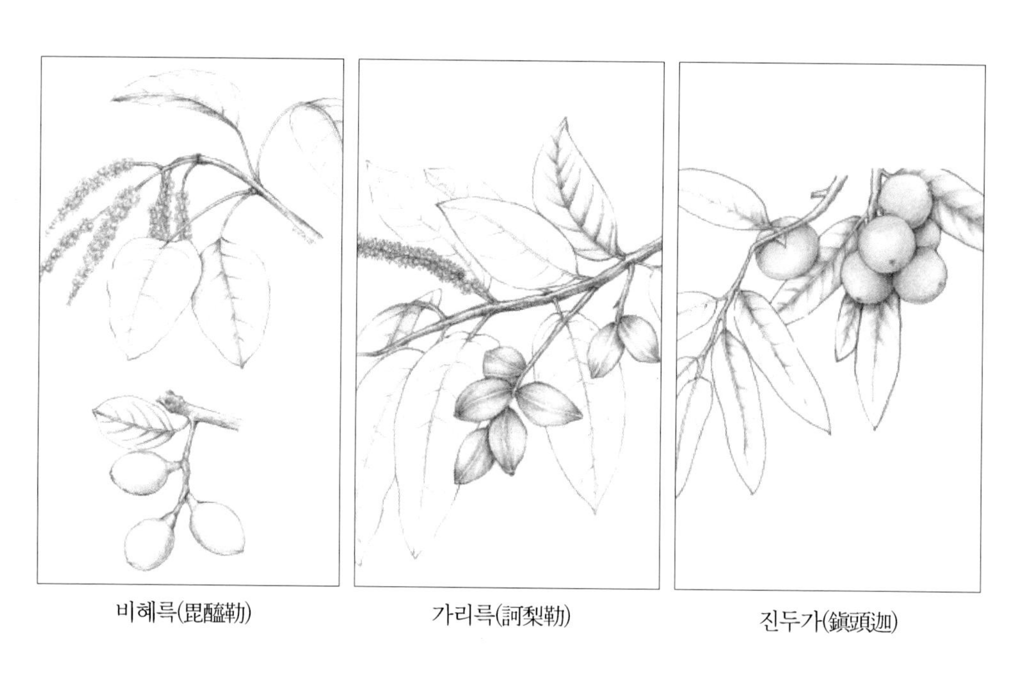

비혜륵(毘醯勒) 가리륵(訶梨勒) 진두가(鎭頭迦)

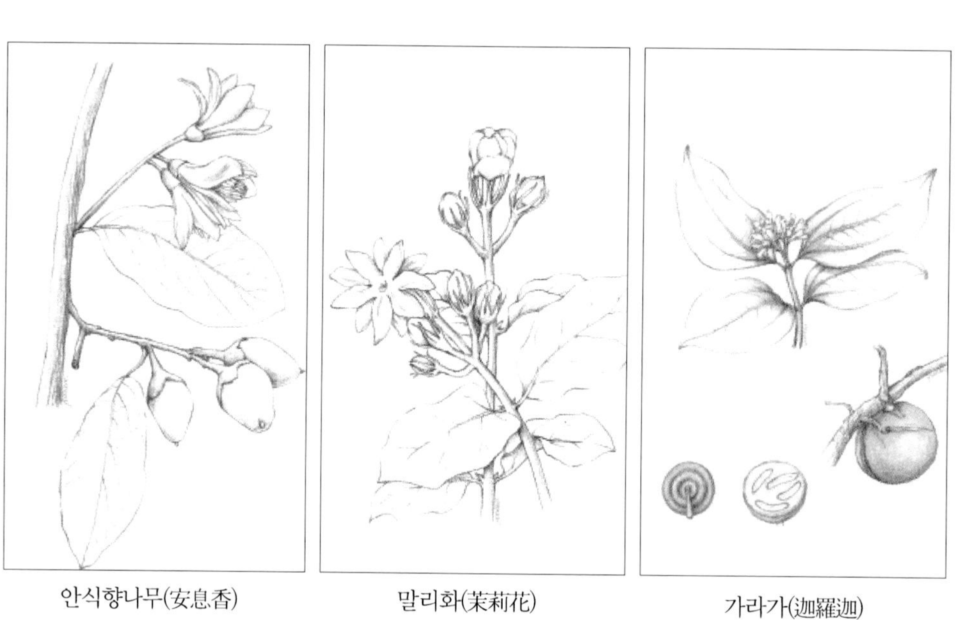

안식향나무(安息香) 말리화(茉莉花) 가라가(迦羅迦)

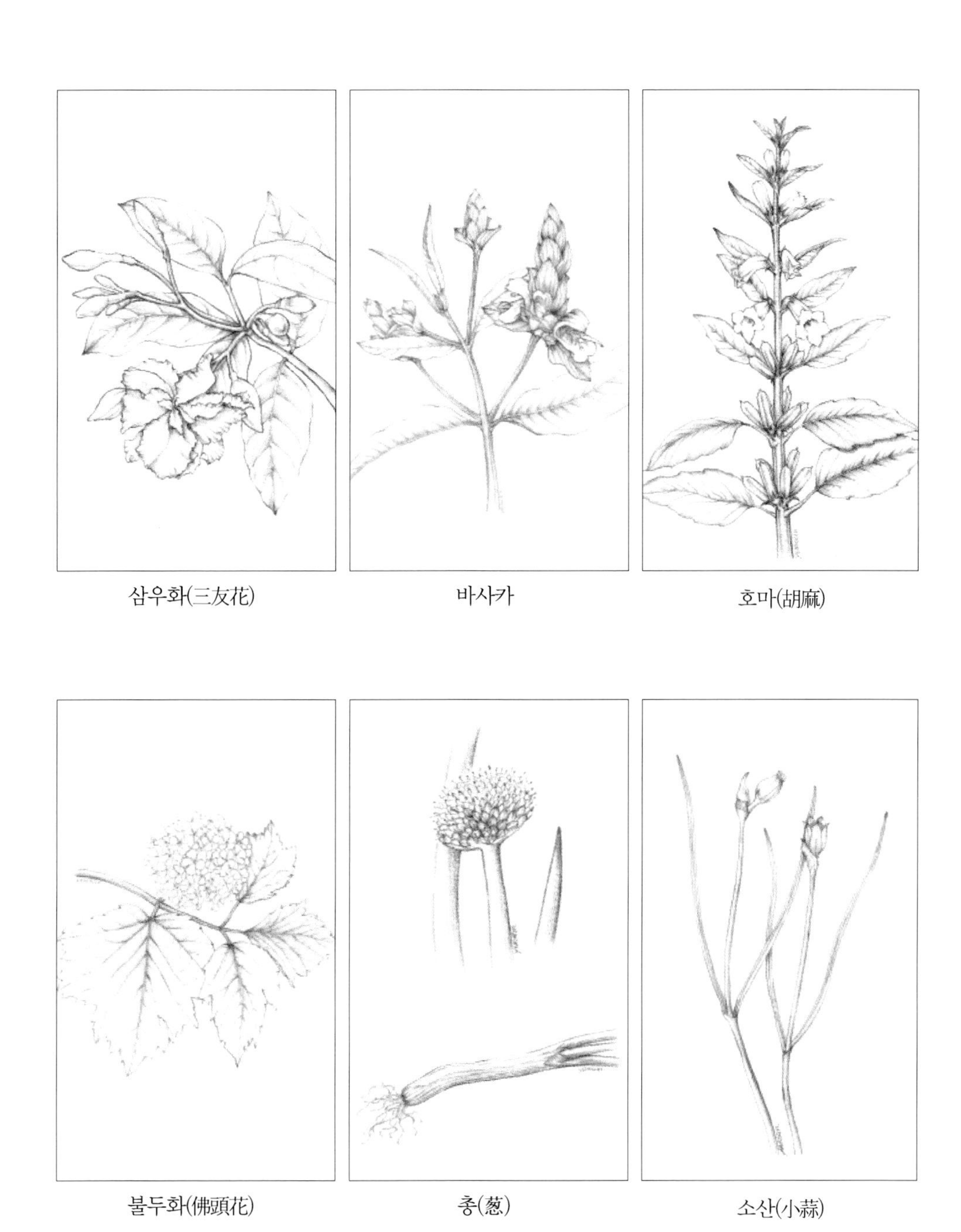

삼우화(三友花)　바사카　호마(胡麻)

불두화(佛頭花)　총(葱)　소산(小蒜)

비자(菲子)

흥거(興渠)

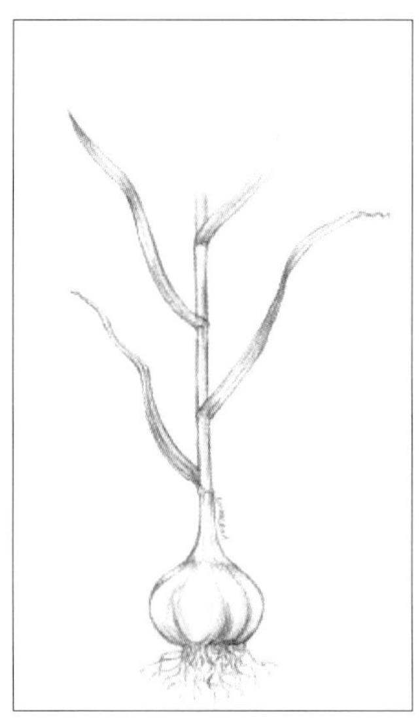

산(蒜)

만수사화(曼殊沙華)

자화석산(紫花石蒜)

번홍화(番紅花)

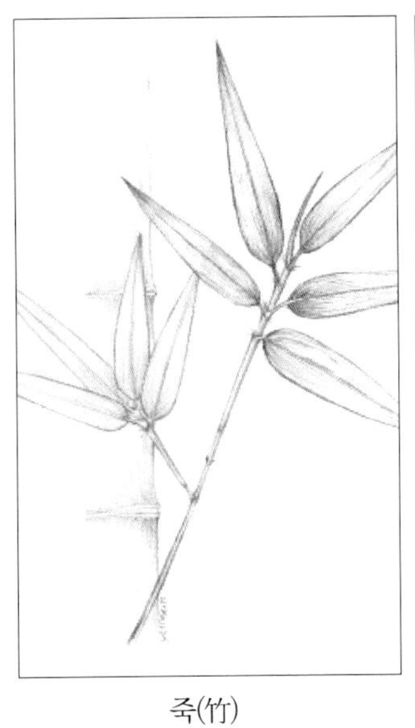
죽(竹)

길상초(吉祥草)

맥(麥)

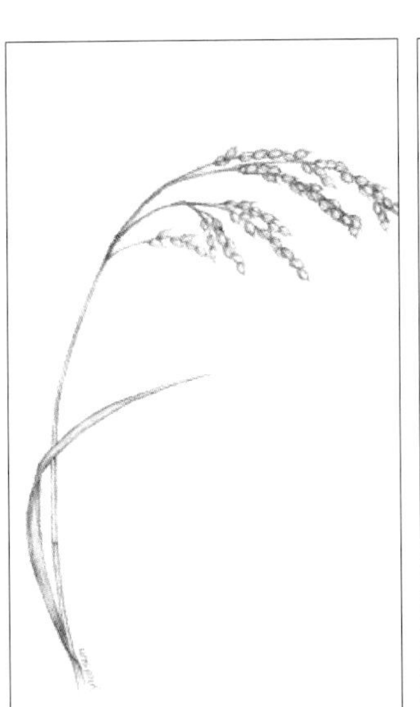
도(稻)

감저(甘蔗)

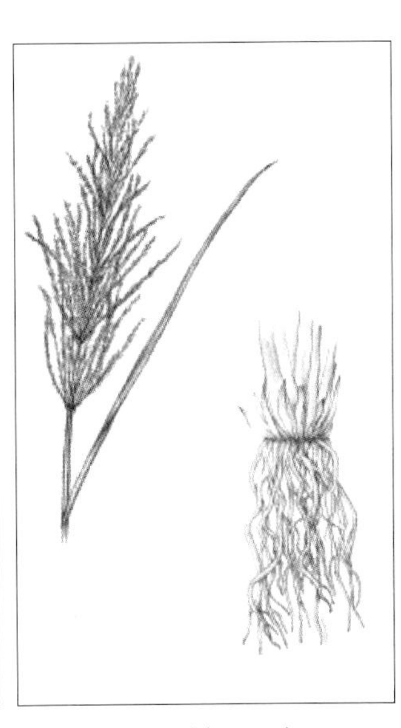
우시라(優尸羅)

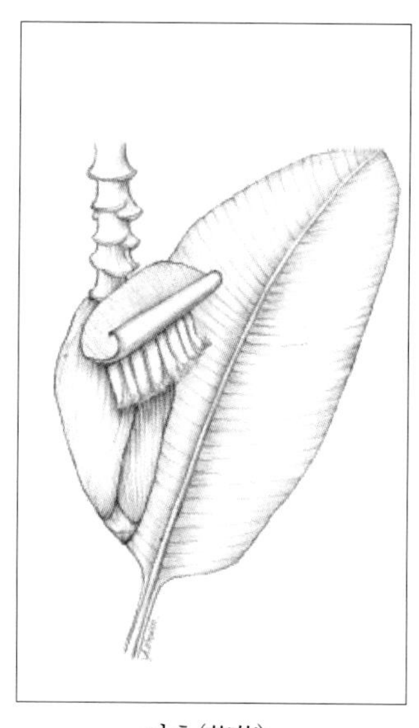

파초(芭蕉)

울금(鬱金)

빈랑수(檳榔樹)

다라수(多羅樹)

색 인

C

D

E

F

G

H

I

J

N

O

P

R

S

T

U

V

W

Y

Z

ㄱ

ㄴ

ㄷ

ㄹ

ㅁ

ㅂ

ㅅ

ㅇ

ㅈ

민태영(閔泰瑛, MIN, Tae Young)

tymin62@naver.com
www.한국불교식물연구원.com
한국불교식물연구원 원장(현)
한국 테마식물원 연구회 부회장(현)
건국대학교(미래지식교육원) 실내정원 과정 강사
가든 플래너
플라워 디자이너

박석근(朴奭根, PARK, Suk Keun)

bgarden2000@hanmail.net
www.bgarden.co.kr
서울대학교 농학과 학사, 석사, 박사(약용식물학 전공)
건국대학교 농축대학원 생명산업학과 원예특작전공 겸임교수(현)
한국식물원연구소 소장(현)
한국테마식물원연구회 회장(현)
(사)한국원예치료복지협회 부회장(현)

이윤선(李倫鮮, LEE, Yun Sun)

tera73@naver.com
한국불교식물연구원 부원장(현)
건국대학교 (미래지식교육원) 실내정원 과정 강사
가든플래너
컬러리스트
산업 디자인 전공

초판인쇄 2011년 5월 9일
초판발행 2011년 5월 9일

지은이 민태영 · 박석근 · 이윤선
펴낸이 채종준
기 획 이주은
편집디자인 박재규
표지디자인 홍은표

펴낸곳 한국학술정보(주)
주 소 경기도 파주시 교하읍 문발리 파주출판문화정보산업단지 513-5
전 화 031) 908-3181(대표)
팩 스 031) 908-3189
홈페이지 http://ebook.kstudy.com
E-mail 출판사업부 publish@kstudy.com
등 록 제일산-115호(2000.6.19)

ISBN 978-89-268-2134-3 93520 (Paper Book)
978-89-268-2135-0 98520 (e-Book)

어담 Books 는 한국학술정보(주)의 지식실용서 브랜드입니다.